나는 그냥 천천히 갈게요

초판 1쇄 발행 2019년 5월 15일

지은이 | 오누리
펴낸이 | 이지은
펴낸곳 | 팜파스
책임편집 | 이은규
디자인 | laiosol
마케팅 | 정우룡, 김서희
인쇄 | 케이피알커뮤니케이션

출판등록 | 2002년 12월 30일 제10-2536호
주소 | 서울특별시 마포구 어울마당로5길 18 팜파스빌딩 2층
대표전화 | 02-335-3681 팩스 02-335-3743
홈페이지 | www.pampasbook.com | blog.naver.com/pampasbook
페이스북 | www.facebook.com/pampasbook2018
인스타그램 | www.instagram.com/pampasbook
이메일 | pampas@pampasbook.com

값 14,000원
ISBN 979-11-7026-244-2 (13590)
ⓒ 2019, 오누리

이 도서의 국립중앙도서관 출판예정도서목록(CIP)은 서지정보유통지원시스템 홈페이지
(http://seoji.nl.go.kr)와 국가자료종합목록시스템(http://www.nl.go.kr/kolisnet)에서 이용하실
수 있습니다. (CIP제어번호 : CIP2019016047)

나는
그냥
천천히
갈게요

내 방이
내 방다워지는
소품 인테리어
노하우

슬로우어_
오누리 지음

팜파스

prologue

벽을 칠했다,
가득 채워 나갔다

"이 공간에 어떤 걸 놓으면 예쁠까요?"
"집들이 선물로 어떤 것이 좋을까요?"

후미진 골목 주차장 안, 희미한 불빛만 보이는 나의 소품 가게 슬로우어에 찾아온 발걸음. 그리고 그들이 건네는, 어떤 공간을 채우기 위해 혹은 누군가의 공간에 좋은 선물이 되길 바라는 마음의 질문들. '공간을 채운다'는 것에 대한 기쁨이나 설렘을 알기 때문에 쉽게 대답하지 못하고 나는 늘 되묻곤 했다.

"어떤 취향을 갖고 계시나요?"

하지만 물건에 대한 취향이라는 것, 자기 스타일의 물건, 자신이 좋아하는 소품에 대해 명확히 말할 수 있는 사람들은 많지 않았다. 좋아하는 색이나 옷 스타일은 분명하게 말할 수 있지만 자신이 지내는 곳과 그곳에 두는 많은 소품들에 대한 취향은 불분명한 것이다.

소품은 단순히 물건이 아니다. 자신을 감싸는 환경이고 낭만이자 행복이다. 소품을 하나 고를 때에도 온전히 자신의 취향이 반영되어야 한다. 이 구두는 이 옷과 신으면 너무 예쁠 것 같아서, 이 가방은 그 옷과 너무 잘 어울릴 것 같아서 꼭 사야만 하는 마음처럼, 소품을 고를 때 '이 물건은 내 공간 어느 위치에 놓으면 잘 어울리고 예쁠 것 같으니 사야겠어.'라고 생각할 수 있는 분명한 소비를 할 줄 알아야 한다.

대부분의 사람들은 '소품'을 인테리어 시 가장 '마지막에 두는 물건'이라고 생각하곤 한다. 사실은 그렇지 않다. 소품은 인테리어를 시작할 때 제일 먼저 염두에 두어야 하는 시작점이고, 인테리어를 완성하기 위한 과정이다. 소품을 알아야 자신이 살고 있는 공간에 자신이 좋아하는 것들을 조화롭게 가득 채우고, 그 공간 안에서 자신만의 안락함을 느낄 수 있다.

슬로우어, Slow.er
나는 그냥 천천히 갈게요

슬로우어(Slow.er)는 'slow+er', '느린-사람'이라는 의미를 담고 있다. 슬로건인 '나는 그냥 천천히 갈게요.'를 바탕으로 만든 이름이다. '나는 그냥 천천히 갈게요.'라는 슬로건 때문에 사람들은 내가 굉장히 여유 있거나 느린 삶을 사는 사람으로 생각하겠지만 사실 그렇지 않았다. 마음이 급하고 불안하고 예민한 성격이었다. 늘 주변의 시선과 남들의 속도에 휩쓸렸고 스트레스를 온몸으로 받는 사람이었다.

그런 내가 무엇을 해야 할지 알 수 없는, 내 꿈을 모르던, 불안하고 초조한 암흑의 시간을 보내면서, 스스로 주문처럼 되뇌던 말이 '나는 그냥 천천히 하자.', '나는 그냥 나대로 천천히 가자.'였다. 그런 나를 위로하고 안정감을 주었던 것이 내 공간, 내 방이었고 그렇게 생긴 공간에 대한 깊은 애정을 바탕으로 소품 가게 슬로우어를 운영하고 슬로우어로서의 삶을 살고 있다. 내가 처음 방 꾸미기라는 취미에 빠져 내 안락한 공간을 만들었던 일, 그 과정에서 나만의 감각과 취향을 만든 것, 나의 작은 소품 가게 슬로우어의 이야기, 그리고 나와 나의 동반자를 위한 새로운 공간을 가꾸는 모습을 통해 소품 인테리어의 '과정'을 보여 주고 싶다.

더불어 예전의 나처럼, 어쩌면 앞으로의 나에게도, 혹은 가족이나 친구, 내가 모르는 사람들이 살면서 흔들리고 불안할 때, 자신만의 공간에서만큼은 편안하고 안정감을 느낄 수 있었으면 좋겠다는 마음을 담았다. 그리고 그 공간 안에 슬로우어의 어떤 것이 편안함이나 작은 즐거움을 줄 수 있었으면 좋겠다. 나를 비롯해 여전히 불안함 속에서 자신을 찾아가고 있는 사람들과 함께 '나는 그냥 천천히 갈게요.'라고 말할 수 있었으면 좋겠다.

차례

Part 3.   **내 취향들로 채우는, 소품 인테리어**

소품은 단순히, 물건이 아니다. 자신을 감싸는 환경이고 낭만이자 행복이다.

소품은 인테리어를 시작할 때 제일 먼저 염두에 두어야 하는 시작점이고,
인테리어를 완성하기 위한 과정이다.

소품을 알아야
자신이 살고 있는 공간에
자신이 좋아하는 것들을
조화롭게 가득 채우고,
그 공간 안에서 자신만의 안락함을 느낄 수 있다.

Part 1

'슬로우어'라는
어떤 곳
그리고
어떤 사람

나는
그냥
천천히
갈게요

안'락(樂)'하지 않았던 방

고모들과 할머니까지 대가족이 함께 지내던 집을 떠나 처음 아파트로 이사해 내 방이 생겼을 때, 너무 들떴었다. 그 방에서 친구들과 좋아하는 연예인의 사진으로 필통을 만들고, 다이어리를 꾸미고, 그림을 그리고, 음악을 들었다. 사춘기 때는 부모님의 간섭을 피하고 많은 고민의 순간에 내가 늘 있었던 나만의 공간이었다. 하지만 익숙함은 시간이 흐르면 당연해진다. 나의 방, 그 공간이 평범하고 당연해졌고 그래서 공간을 돌보거나 가꾸지 않고 그대로 방치하듯 놔두었던 것 같다.

고등학교 졸업 후 일본으로 유학을 떠난 3년의 시간이 공간에 대한 나의 가치관을 바꾸어 놓았다. 일본에서의 첫 세 달은 기숙사 생활을 하고 그 후 첫 자취 생활을 시작했다. 비록 부엌 하나, 화장실 하나 있는 원룸인 아주 작은 공간이었지만, 엄연한 나의 첫 집이었다. 부모님의 손으로 가꾸어지던 방이 아닌, 이사부터 작고 큰 가구까지 온전히 내가 결정해서 꾸며야 하는 첫 자취방은 내 인생에 공간이 주는 의미를 바꾸어 놓았다. 내 손길이 닿아 애정이 가득한 나의 첫 자취방은 어렵고 외로웠던 유학 생활의 가장 큰 위로였다. 힘든 일이 있으면 울기도 하고 낯선 타지의 나라에서 내가 유일하게 마음 편히 밥을 먹고 하고 싶은 것을 하고 편안할 수 있는 안식처였다. 내가 자리한 공간은 나의 삶에서 중요한 '가치'가 되었다.

그래서일까. 한국으로 돌아온 후, 3년이라는 시간 동안 방치되었기 때문인지, 내 취향은 어느 것 하나 없는 가구와 벽지들 그리고 내 방 자체가 낯설게 느껴진 것은 단지 기분 탓이었을까. 그때부터 내가 내 방에서 할애하는 시간은 그리 많지 않았다. 쉬는 날에는 일부러 약속을 잡아 예쁜 카페나 식당을 찾아다니며 사진을 찍고 시간을 보내기에 바빴다. 예쁜 공간들을 보고 느끼며 대리만족을 하며 지냈던 거 같다. 하지만 어느 순간부터는 그마저도 조금씩 지겨워졌다. 유행은 패션에만 있는 것이 아니었다. 공간에도 유행이 생겨 비슷한 느낌들을 풍기는 인테리어에 흥미를 잃어 갔다. 무엇보다 아무리 예쁘고 근사한 곳이라고 해도 그곳은 나를 온전히 편안하게 해줄, 내 것이 아니었다. 쉬는 날에도 내가 온전히 나다울 수 있는 공간에서 편하게 즐기고 싶었고 내 공간에 내가 좋아하는 것들로 채워 나가고 싶었다. 내 삶에서 가치 있는 일이라고 생각한 공간을 가꾸는 일을, 안락하고 나의 취향이 가득한 나만의 안식처를 만들고 싶었다.

내 방에 누워 문득 바라봤던 천장의 모습이 아직도 기억 속에 생생하다. 어딜 가나 볼 수 있을 평범한 천장이었다. 자세히 보니 벽지는 누렇게 색이 바랬고, 천장 테두리를 나름 장식하고 있었던 몰딩 (*molding*)에는 오래된 얼룩들, 먼지가 잔뜩 있었다. 눈길을 돌려 주변을 둘러보니 내 취향과는 상관없는 벽지와 학생 때 쓰던 책장이 그대로 있는 책상은 이제 제 구실을 하지 못하고 있었다. 책이 꽂혀 있어야 할 책장에는 아빠의 오래된 서류들과 사용하지 않는 온갖 잡동사니들이 자리 잡고 있었다. 선물로 받았던 나의 첫 화장대는 빨래 건조대로, 화장대의 거울은 사용하지 않은지 오래되어 먼지가 내려 앉아 있었다. 공간이 부족해 베란다로 쫓겨난 장롱은 그 상태로 쓸모없는 신세가 되었다. '작은 공간에 뭐 이렇게 큰 가구들이 가득할까?' 싶었다.

그 방은 내가 학창 시절 때부터의 시간을 고스란히 품고 있었다. 여기저기 낡은 흔적이 가득했다. 모든 걸 바꾸고 싶었지만 '조금만 더 참자. 내 집이, 새로운 내 공간이 생길 때까지.'라며 다짐했다. 일본 유학 시절의 자취는 아무래도 처음이었기 때문에 어설펐고 완벽하지 않았지만, 비어 있는 공간을 채워 넣는 일이었기에 시작이 어렵진 않았다. 하지만 돌아온 한국의 내 방은 달랐다. 커다란 가구부터 오랜 시간 함께한 물건들이 가득한 내 방을 비우고, 다시 채우는 일은 절대 쉬운 일이 아니었다. 머릿속으로는 수십 번 생각하고 시도했지만, 실제로 섣불리 행동할 수 없는 일이었다.

그 두려움은 20대 중반에 친구의 소개로 어느 작은 아동복 쇼룸(*showroom*, 상품의 진열실이나 전시실)에서 일한 것을 계기로 떨쳐낼 수 있었다. 아동복 쇼룸을 새로 열어야 하는 상황이었기 때문에 인테리어 공사부터 살펴야 할 것이 많았다. 어느 날은 쇼룸에 실할 페인트 색을 고르러 외근을 가야 했다. 찾아간 곳은 흔히 볼 수 있는 인테리어 자재 가게일 것이라고 예상했던 나의 생각을 완전히 바꿔준 곳이었다. 근사하게 꾸며진 가게 안에 수천 가지의 다양하고 예쁜 색상표가 있었다. 수많은 색 중 마음에 드는 색, 조화로운 색을 고르고, 페인트를 칠하기 위해 필요한 도구를 구입하는 사람들 중 상당수가 전문가가 아닌 일반 사람들인 것도 인상 깊었다. 그들을 보며 '인테리어'라는 단어를 마주하면 떠오르던 '큰 비용이 들고 전문가가 하는 일'이라는 막연한 생각이 조금씩 사라졌다. 자신의 공간을 직접 바꾸고, 꾸미고, 노력하는 사람들이 많다는 것을 직접 보고 나자 나도 해 봐야겠다고 마음먹을 수 있었다. 샘플 북 속 멋진 공간들의 사진을 보며 부러워만 하기는 싫었다. 내 집이 생길 때까지 기다릴 수도 없었다. 그 계기로 나의 방 꾸미기가 시작되었다.

공간의 안락함은 곧 공간의 의미이다. 유학 생활 당시 느꼈던 외로움이나 불안함을 가장 위로 받을 수 있었던 공간이 내 자취방이었듯 앞으로 다른 공간이 아닌 내 방에서 조금 더 아늑하고 따듯하게, 가장 편하게 많은 것을 즐기고 싶었다. 영화도 보고 음악도 들으며 책도 읽고, 나에게 가장 좋고 안락한 놀이터를 만들고 싶었다. 마음 같아서는 모든 걸 한 번에 버리고 벽지부터 바닥까지 모든 것을 새로 바꾸고 싶었다. 하지만 공사를 하는 것은 상상도 할 수 없었다. 방 한가득 자리를 차지하고 있는 가구를 버리는 일조차도 큰일이었다.

그때부터 소품들을 구입하기 시작했다. 그냥 여기저기 눈에 띄는 소품 가게를 다니며 이것저것 '예쁜 것'들을 사왔다. 때론 귀여운 것, 심플한 것들을 샀다. 이들의 주요 무대는 책상이었다. 다이소 철망 인테리어가 한창 유행할 땐 철망을 왕창 사다가 책상을 중심으로 벽에 붙여 폴라로이드 사진, 엽서들을 걸어 보았다. 책꽂이를 사다가 책상 위를 꾸며 놓기도 했다. '셀프 피팅룸(*self fitting room*) 꾸미기'가 유행할 때는 큰 거울을 사고 원형 러그(*rug*)를 놓고 나름 포토존(*photo zone*)이라는 것을 만들어 보기도 했었다. 이케아에서 산 큰 그림이 들어 있는 액자를 벽에 걸어 두기도 하고, 러그 위에 좌식 테이블을 놓아

보기도 했으며 친구가 사용하지 않는 소파를 얻어 와 놓아 보기도 했다. 어떠한 말로는 표현할 수 없는, 통일감 없는, 방 꾸미기 아닌 방 꾸미기를 하고 있었다. 그러다 보니 결국 방 안에는 넘치는 가구들과 함께 물건들까지 점점 더 늘어났다.

그러다 보니 그 모든 것은 그냥 버려져도 그만인 '잡동사니'가 되었다. 엄마는 매번 "제발 그 '쓰레기' 좀 갖다 버려."라고 말했다. 첫 번째 방 꾸미기는 실패했다. 잔뜩 산 예쁜 물건들은 왜 어울리지 못하고, 구매할 당시의 의미를 잃어버린 채 버려지는 것일까? 왜 꾸미면 꾸밀수록 더 정신없고, 정리하겠다고 또 다른 것들을 사고 버리는 일이 반복되는 것일까?

방을 꾸미고 있는 중이라고 믿었지만 사실 급한 마음에 이것저것 사기에만 급급했던 소비를 잠시 멈췄다. 천천히 바꿔 가기로 마음먹었다. 어떠한 다른 방향이 필요했다. 번거롭다는 이유로 가구를 버리는 일을 주저하는 순간부터 다른 방향이라는 것은 없었다. 할 거면 제대로, 이왕 시작한다면 버리는 것부터. 애초에 방을 꾸미기로 마음먹있을 때, 가득 채워진 방을 일단 비우지 않으면 제대로 시작할 수 있을 일이 아니었다.

우선 필요 없는 가구들을 정리하는 일부터 시작했다. 먼저 방 안에 크게 자리 잡고 있던 오래된 책상의 서랍과 책장을 비우고, 정리했다. 삐그덕 소리가 나는 오래된 침대 프레임과 매트리스를 버렸다. 가구 두 개만 정리했을 뿐인데, 부피가 큰 가구였던 만큼 넓은 공간이 생겼다. 이에 이어 그간 수차례 시도하며 사 모으던 물건들과 크고 작은 가

꾸민 것이라고 믿고 싶지만
사실은 잡동사니였던 예전의 물건들

구들을 과감하게 버렸다. 버릴 것들을 버리고 공간을 만들었다. 낡아서 버리고 새로 구입해야 할 물건들도 정리했다.

공간에도 저마다의 성격이 있다. 차분한 방, 발랄한 방 등 아무리 예쁜 소품이라고 하더라도 공간의 성격과 어우르지 못하면 쓸모없는 잡동사니가 된다. 이 사실을 깨닫고 나니 무언가를 구매할 때마다 망설여졌다. 하나를 섣부르게 선택하는 대신 이것과 어울릴 만한 다른 것들도 동시에 생각하고 찾아보며 전체적인 분위기를 맞추려고 노력했다. 기존에 갖고 있던 아이보리색 가구와 어울리는 화이트 톤의 소품들을 고르는 식이었다. 하지만 내 방의 분위기, 공간의 성격이 나타나지 않았다. 고심해서 소품들을 골랐지만 당시 내 방을 둘러싼 꽃무늬 벽지에는 그 어떤 것을 갖다 놓아도 해결 방법이 없을 것 같았다.

그때 페인트 가게가 떠올랐다. 변함없이 수많은 색을 보유하고 있는 페인트 가게에서 고르고 골라 위시리스트 소품들과 어울릴 만한 아주 연한 그레이색과 포인트 색상으로 어두운 그레이색을 골랐다. 그러곤 꽃무늬 벽지 위에 그대로 그냥 페인트칠을 했다. 페인트칠만 했을 뿐인데 통일감 있는 방으로 느껴졌다. 그제야 방을 채울 수 있겠다는 마음이 들었다. 베란다에 방치해 뒀던 장롱을 다시 방 안으로 들여 놓고 화장대 겸 서랍을 깨끗이 닦았다. 내 취향이 아니라고 단정 지었던 가구는, 벽의 색 하나 바꿨을 뿐인데 그 가치가 높아졌다. 이에 더해 마음에 품고 있었던 소품들을 구입해 비어 있던 공간들을 채우고 나니 균형 있는 방의 모습이 갖춰졌다. 오로지 내가 필요로 하는 것, 내 취향을 고민하고, 여러 번의 시행착오 끝에 모든 것들이 조화롭

2년이라는 시간 동안 시행착오를 겪으며
나만의 공간이 완성되었다.

게 어울리는 단 하나의 '안락한 내 방'이 되었다.

그 시간 동안 여러 방면으로 다양한 시도를 하며 방 꾸미기에 집중하고, 생각했다. 쓸모없는 물건들이 생기는 이유는 목적이나 의미, 가치 등을 생각하지 않고 막연히 '놔둔다'라고만 생각했기 때문이다. 물건을 놓을 곳의 배경은 무슨 색인지, 어떤 가구 위 어느 위치에 둘지에 대한 고민도 없이 그저 '쉽게' 손이 가서 구매했기 때문이기도 했다. 처음부터 모든 구성에 애정을 갖고 마음을 기울여 가꿨다면 그렇게 허투루 버려질 물건은 없었을 것이다.

자취를 시작하게 된 친구가 들뜬 마음에 '자취생 인테리어', '원룸 인테리어'를 검색했다고 했다. 예쁜 방은 많았지만, 자신이 소유한 집이 아닌 이상 현실적으로 불가능한 인테리어가 많았다. 이런 상황에서도 친구는 포기하지 않고 방 안 한부분을 집중적으로, 본인만의 취향대로 꾸몄다. 침대 옆에 협탁을 놓은 작은 공간이었지만 등과 초, 좋아하는 소품을 놓은 그 협탁은 주변과 어우러져 새로운 분위기를 자아내고 있었다.

소품 인테리어란 단순히 소품만으로 이룰 수 있는 것이 아니다. 공간을 구성하는 모든 요소들이 조화롭게 어우러질 때 비로소 소품 하나하나도 빛을 발하고 완성도 높은 인테리어가 나올 수 있다. 공간의 무드를 더해 주는 일. 그것이 소품 인테리어이기도 하다. 자기 방 전체 혹은 자기 방의 작은 부분만이라도 그 공간을 가치 있게 해 주고 만족감을 느끼게 해줄 수 있는 것이 소품 인테리어의 매력이다. '내 집이 생길 때까지', '좀 더 넓은 곳으로 이사를 가면', '이 집에서만 벗어나면'등 여러 이유로 쉽게 시작하지 못하는 사람이 많겠지만, 전체를 다 바꿀 수 없다고 하더라도 자신만의 취향 공간을 따로 정해 자신만의 온기를 더하는 작은 시도로, 자신의 삶에 가치를 더하는 일을 경험해 볼 수 있었으면 좋겠다.

집 정리를 하며 나온 끝없는 쓰레기들

나는 그냥 천천히 갈게요

버리기,
물건 하나하나와 대화하는 것

"진작 버렸어야 했는데 미련하게 이고 지고 살 았네……."

엄마는 여러 번 이사를 다니면서도 버리지 못했던 그릇들과 이불을 최근에야 겨우 버렸다. 무려 35년의 시간을 함께한 물건들이었다.

내가 20살에 떠난 일본 유학 생활은 기숙사에서 시작됐다. 기숙사에서 나오는 식사도 있었고 시설도 깨끗하고 안전했기 때문에 기숙사 생활은 부모님의 불안을 덜어줄 수 있는 안전장치나 다름없었다. 하지만 내가 다니던 학교와 기숙사의 거리는 너무 멀었고, 주변 사람들이 자취하는 것을 보며 성인이 된 나도 욕심이 났다. 부모님을 설득한 끝에 자취방을 얻어 인생 처음으로 독립을 했다.

그곳은 5평 남짓한 원룸으로, 오래된 맨션의 2층에 있었다. 벽지의 색은 바랬고, 천장의 등마저도 줄을 당겨 끄고 켜야 하는 오래된 방이었다. 그나마 다행히 일본에서 흔히 볼 수 있는 다다미방이 아니라 바닥이 마루로 되어 있었다. 현관을 열고 들어가면 좁은 통로, 그 왼쪽에는 부엌이, 부엌 끝에는 작은 화장실과 세탁실이 있었다. 원룸이었던 만큼 이들을 제외한 공간은 방이었고, 그 방에 작은 베란다가 달려 있었지만 앞집과 너무 가까워 사용할 수는 없었다. 월세를 내는 처지에 내가 할 수 있는 것이라곤 벽에 원단으로 포토월(*photo wall*)을 만드는 것, 저렴하고 예쁜 가구들을 사보는 것, 귀여운 소품들을 사는 것 정도였다. 그럼에도 불구하고 혼자 처음 살게 된 소중한 공간이었던 것은 틀림없는 사실이었다.

3년이라는 짧지도 길지도 않은 유학 생활을 마치고 한국에 돌아와 한 달이나 지났을까, 그곳에서의 공간과 삶이 소중했다는 증거가 속속 도착했다. 귀국을 하며 내 손으로는 들고 올 수 없었던 짐들을 배편, 국제 택배로 부쳤는데 그 많은 짐들이 도착한 것이었다. 큰 박스로 무려 10박스나 되는 양이었다. 학교를 다니면서 수집하던 패션 잡지부터 재봉틀 두 대와 실타래들, 온갖 크고 작은 물건들. 버리기 아까워서 못 버린 것. 물론 그중 정말 필요한 것들도 있기는 했지만 대부분은 미련과 함께 꾹꾹 눌러 담은 것들이었다. 그 뒤로도 몹시 많은 짐들이 쌓이고 쌓여 더 이상은 떠안고 갈 수는 없다는 걸 깨달았다. 나도 엄마처럼 진작 버렸어야 했는데 미련하게 다 이고 지고 돌아온 것이었다.

사람들은 참 많은 물건들과 함께 살고 있다. 그것들은 자주 사용하는 것, 추억이 있는 물건들 그리고 버리기 아까운 것들일 것이다. 그중 우리 마음을 가장 흔드는 것이 '언젠간 쓸 거야'라는 생각에서 비롯된 버리기 아까운 물건들일 것이다. 버린다는 것은 생각보다 훨씬 어려운 일이다. 특히나 버리는 것이 익숙하지 않은 사람들에게는 재차 확인이 필요한 과정이다. 나 역시 버리는 것이 어려운 사람이었다. 서두르지 않기로 했다. 물건 하나하나와 대화하듯 천천히 고민해 보고 버릴 것과 놔둘 것을 구분하는 동시에 정리정돈도 함께, 그렇게 3일이라는 시간을 꼬박 버리는 일에 할애했다.

일본에서 온 10개나 되는 박스를 천천히 뜯어보았다. 옷과 생필품들, 의상을 공부하며 학교에서 쓰던 물건들이 대부분이었다. 버릴 것과 놔둘 것을 기준으로 정리를 시작했다. 버릴 것은 원단, 메모지, 옷, 쓸모없어진 소품들. 놔둘 것은 재봉틀, 실타래, 책, 과제로 만들었던 작품들이었다. 원단은 학교를 다니며 쓰고 남은 자투리 원단들이 대부분이었다. '언젠간 쓰지 않을까?', '이걸로 나중에 작은 파우치라도 만들지 않을까?'라는 생각에 가지고 온 것들이었지만 결과는 아니었다. 그 원단들로 무언가를 만들 시간적 여유도 없었을 뿐더러 '내가 무언가를 만들까?' 생각해 봤지만 아니었다. 취향이 달라졌기 때문이었다. 원단뿐만 아니라 자취방에 놔두고 쓰던 책꽂이, 크고 작은 소품들도 마찬가지였다. '혹시나 쓰지 않을까'라는 마음에 갖고 왔지만 결국 어디에 놓아도 어울리지 않는 것, 시간이 흘러도 사용하지 않을 이유로 버리기로 결심했다.

기본적으로 책은 놔둘 것에 속했지만, 그중에서도 버릴 것과 놔둘 것을 다시 분류해야 했다. 우선 버리는 책은 읽을 시기가 지나 버린 책들이나 놔두어도 읽지 않을 책들인데 중고책 서점이나 수거 업체를 통해 처분했다. 반대로 놔두기로 한 책은 일본에서 보던 일본 패션 잡지와 학교에서 공부할 때 본 책들이다. 어디에 가치를 두느냐에 따라 무엇을 버리고 놔둘지가 달라지는데, 나의 경우 공부하던 때에 사서 본, 특히 일본에서만 구매할 수 있던 잡지들은 추억으로 간직해 두고 싶었다. 공부하던 책들 역시 같은 맥락으로 보관하기로 결정했다.

정리하는 데 기가 막힌 방법이 따로 있는 건 아니지만, 나만의 방법은 있다. 순서를 정해 놓고 작은 것부터 차근차근 정리를 하는 것이다. 예를 들면 먼저 버려야 하는 가구들을 정한 뒤 그 속에 있는 물건들을 버리고 정리하는 작업을 시작하는 식이다. 일단 가장 정리하기 귀찮은 서랍과 작은 수납함 속을 먼저 정리하기로 했다. 서랍을 열어 보니 뒤죽박죽 분류가 되지 않은 물건들이 뒤섞여 뭐가 뭔지도 모르게 방치되어 있었다.

서랍 속에 물건들과 책상 위 정리할 물건들을 일단 다 꺼내 놓았다. 버리는 것, 자주 쓰는 것, 간직하고 싶은 것을 정확히 구분하려 했다. 물건들을 보고 있으면 '이건 놔두면 언젠가 쓰지 않을까?'라는 생각이 들기 마련이다. 하지만 그렇게 쌓이고 쌓인 물건들이 결국 짐이 된다는 것을 인정해야만 한다. '꼭 필요하면 다시 사면 되지!'라는 마음가짐으로 과감히 정리해야 한다. 나의 서랍장에서는 색종이라든가 오래된 색연필과 크레파스들, 해가 지나 버린 다이어리도 몇 권이나 나왔다. 사용한 흔적도 없고, 언제든지 사용할 수 있는 만년 다이어리. 내 취향이 아니라는 이유로 사용하진 않았지만, 선물이라는 무게 때문에 서랍 속에 놔두었던 것이다. 그리고 비로소 몇 년이 흐르고 나서야 버리기로 마음먹었다. 한 번 쓰지 않은 물건은 시간이 지나도 사용하지 않는다. 반면 다시 쓸 수는 없지만 간간이 일기가 적혀 있는 다이어리는 간직할 물건으로 분류했다. 다른 사람들에게는 당연히 버릴 물건처럼 보여도 자신에게는 꼭 곁에 두고 싶은 물건이 있기 마련이다. 자신만의 기준을 명확히 세워 그에 따라 구분하여 정리하면 된다.

몇 년이 흘러 그 기준이 변하면 또 한번 정리하면 된다. 나에게는

작은 필기류에서부터 큰 가구들까지 버리기로 마음을 먹었다.

옷이 그랬다. 옷은 막상 버리려고 하면 가장 미련이 남는 물건이다. 옷을 포함한 가방, 모자, 목도리 등 옷을 좋아하는 내가 이번에 버린 옷들만 무려 100kg이 넘었다. 나는 유난히 가방과 신발이 많았다. 20살 성인이 된 기념으로 엄마는 처음으로 명품 브랜드에서 나온 캔버스 가방을 사주셨다. 엄청난 고가의 가방은 아니었지만, 그 당시 마음에 들었고 성인이 된 후 엄마에게 받은 선물이라는 특별한 의미를 지니게 된 가방이었다. 하지만 시간이 흐르고 그 가방을 들지 않게 되었다. 취향이 바뀌었기 때문이다. 엄마도 버리든지 다른 사람에게 주든지 정리를 하라고 말했지만 '나중에라도 들지 않을까?'라는 마음에 쉽게 처분하지 못하고 계속 갖고만 있었다. 결국 계속 끌어안고 살다가 결혼 준비를 하고서야 비로소 정리했다. 유행은 돌고 돌지만 항상 똑같이 돌아오지 않는다. 그 시대에 오는 유행에 걸맞은 스타일은 다시 또 새롭게 나온다. 그러니 '다시 유행할지도 모르니까'라는 생각부터 버리자. 클래식과 그냥 낡은 것은 다르다. '언젠가 입겠지'라는 생각으로 몇 년을 갖고 있던 옷들이 시간이 지나 삭아 버린 것을 보니 얼마나 미련하게 끌어안고 살았나 싶었다.

처분해야 할 옷들이 꼭 낡고 오래된 것들만 말하는 것은 아니다. 꽤 입을 만하지만 작아서 입지 못하는 것 또는 유행 스타일이 변하면서 손이 잘 가지 않은 옷들도 있고 충동적으로 구매했지만 결국 신지 않는 신발들이나 나이에 어울리지 않는 가방들도 있기 마련이다. 그런 옷, 가방, 신발들 그리고 쓸 만하지만 나에게 쓸모없는 것들을 들고 플리마켓(*flea market*, 안 쓰는 물건을 공원 등에 가지고 나와 매매나 교환 등을 하는 시민운동의 하나)에 나가 싼 가격을 받고 팔았다. 자신에게는 필요 없지만 아직 쓸 만한 것들의 가치를 알아보고 구매하는 사람들을 볼 때면 뿌듯하고, 반대로 구매하는 입장이 되었을 때 작은 희열감을 느낄 수 있는 곳이기에 한번쯤 나가볼 것을 추천한다.

또 다른 방법의 옷 처분은 꽤 간단하다. 동네에 있는 헌옷수거함에 버리는 것이다. 인터넷에서 '헌옷수거'를 검색해 동네의 수거 기사님께 소액의 돈을 받고 팔 수도 있다. 저울에 옷의 무게를 재고 kg마다 몇백 원의 가격이 매겨졌다. 100kg의 옷을 버리니 커피 한 잔 값이 나왔다. 홀가분하게 버리고 시원한 커피 한 잔을 마시니 100kg만큼이나 무거웠던 마음이 쑥 내려가는 것 같았다.

그 다음은 큰 가구들을 버릴 차례였다. 이들을 버리는 데 마음먹기는 생각보다 어렵지 않았다. 유난히 굴곡지고 과도하게 장식된 수납장, 요즘은 잘 나오지도 않는 노란기가 도는 색상과 갈색이 섞여 있던 원목 침대 프레임은 늘 입버릇처럼 하던 '싹 다 바꾸고 싶은 것'들이었다. 이처럼 취향과 맞지 않는 가구뿐만 아니라 이젠 성인이 되어 더 이상 쓸모없어진 책상과 책장도 버려야 할 가구들이었다. 이런 이유로 버릴 가구들은 쉽게 정해졌다. 정했으면 지체하지 않고 행동해야 한다. 부피가 큰 만큼 버리기도 쉽지 않고 비용 지출도 있다. 버리는 일 자체가 굉장히 힘들기 때문에 망설이다가는 포기해 버릴 수도 있다.

가구를 버리는 일에는 딱히 방법이 없다. 과감하게 정리해 수거 업체에 연락하거나 동주민센터 등 지역 센터를 통해 대형 폐기물 배출 신고를 하고 받은 스티커나 일련번호를 붙여 버리면 된다.

지금까지 실컷 '버리라'고 이야기 했다면 이제는 버리고 후회했던 것들에 대해 이야기를 해 보려고 한다. 나에게는 오래된 피아노가 있었다. 초등학교 2학년 피아노를 배우기 시작할 무렵 할머니가 생일 선물로 사주셨던 피아노였다. 몇 년을 배우고도 늘지 않는 실력에, 소질이 없다는 것을 깨닫고 피아노를 치지 않았다. 피아노는 자연스럽게 뚜껑이 닫힌 채 방치되었다. 그 상태로, 3번 정도의 이사를 다니는 동안 이리저리 옮겨졌고 결국 지금 신혼 생활을 보내고 있는 이 집에 이르러서야 정리할 수 있었다. 필요 없다고, 앞으로도 그럴 것이라고 생각했기 때문이다. 엄마는 아까우니 놔두라고 했지만 내 선물이었던 내 피아노였기에 내가 정리를 한다는 결정에 달리 말리지 못하셨다.

피아노를 정리하고 몇 년 후, 문득 후회가 밀려왔다. 방에서 자리만 차지한다고, 짐밖에 안 되는 물건이라고 생각했던 피아노였는데……. 문득 그 소질 없던 피아노를 취미로 배워 보고 싶어졌을 때, 그때보다 나이가 들어 앤틱(antique, 골동품처럼 예스럽고 고전적인 느낌) 가구에 관심이 생겼을 때, 그래서 그 피아노의 가치를 알 수 있게 된 지금에 이르러서야 '아, 내 피아노, 그렇게 쉽게 정리할 게 아니었는데…….' 싶어 후회가 밀려온다.

시간이 지나고 나면 오히려 뒤늦게 가치가 느껴지는 것들이 있다. 시간을 품어야 더더욱 가치가 높아지는 것들이 있다. 무엇을 버려야 할지 말아야 할지에 대한 정답은 없다. 개인이 살아오면서 생각하고 느낀 물건에 대한 가치를 바탕으로 결정하면 될 것이다. 나처럼 후회하는 선택을 하지 않으려면, 지속적으로 자신의 공간과 물건을 살펴고 생각하는 수밖에 다른 도리가 없다. 공간을 이왕 비웠으면 미련도, 후회도 훨훨 털어버리고 새로 시작하는 것도 한 방법일 것이다. 비워진 공간에 오롯이 자신의 취향이 반영된 무언가를 채울 생각에 오히려 설레기도 할 것이다.

자신이 늘 있는 공간을 멋지게 꾸미고 싶은데 '뭐부터 해야 할까?', '어떻게 해야 할까?'라고 묻는다면 나는 당연히 먼저 '버려라'라고 말할 것이다. 버리는 과정을 겪다 보면 자연스럽게 자신의 취향이 드러나기도 하고 나중에는 꼭 필요한 것만 사는 현명한 소비를 할 수 있을 것이다.

각기 다른 소품들로
하나의 분위기를 만들다

일본 유학 시절, 신주쿠에서 집으로 가는 전철을 타기 위해 거치는 역 백화점에 있는 무인양품을 매일같이 들르곤 했다. 하나씩 보면 특별할 것 없는 디자인의 소품들과 가구들인데도, 동일한 분위기를 풍기면서 깔끔하고 단정한 느낌이 너무 좋았다. 유학생이던 나는 다소 비싼 가격의 무인양품 상품들을 구경만 할 수밖에 없었다. 어쩌다 수납함을 하나 사오게 되더라도, 자취방에 놓으면 100엔숍(100円ショップ, 상품을 100엔에 맞춰 파는 일본의 상업 시설)에서 산 것 같은 느낌이 들었다. 그때 깨달았던 것 같다. 소품도 서로 간의 균형이 중요하다는 사실을. 무인양품 매장에는 소품들과 가구들이 서로 부딪히지 않고, 방해하지도 않고, 어느 것 하나 튀는 것 없이 조화롭게 위치하고 있었다.

내 방을 조금씩 바꾸어 나가던 시기에 내가 제일 하고 싶었던 일은 그동안 봐 두었던, 방 안에 달고 싶었던 무인양품 벽걸이 CD플레이어를 사는 일이었다. 휴대폰 어플로도 음악을 들을 수 있었고 블루투스 스피커도 있었지만, 집에 모아 둔 좋아하는 가수의 앨범을 CD로 듣고 싶었다. 벽걸이 CD플레이어를 달기로 했으니 그 곁에 CD들을 놓고 싶었고, 드라이 플라워를 꽂은 유리병과 캔들도 올릴 수 있으면 좋겠다고 생각했다. 내가 좋아했던 전시의 포스터나 엽서들을 벽에 붙이고 싶었다. 하나의 벽에 내 취향이 가득 담기길, 내가 제일 좋아하

내 방에 제일 놔두고 싶었던 CD플레이어를 걸었다.

세상에 하나뿐인 이 핑크색 가구는 칙칙한 그레이색 방에 포인트를 주었다.

나는 그냥 천천히 갈게요

는 부분이길 바랐다.

  방을 비우고 난 후, 내가 제일 먼저 한 일은 방의 벽지를 바꾸고 가구를 채워 넣는 것이 아니었다. 소품들과 작은 가구들이 어떤 모습으로 자리할지 상상하고 매치해 보며 소품들을 먼저 구입했다. 그 다음 그 소품들과 어울릴 벽의 색을 정했다. 그레이색 페인트로 촌스러운 꽃무늬 벽지 위를 덮었다. 마음에 드는 분위기가 연출되었지만 한편으론 칙칙하고 어두운 것 같기도 했다. 그레이색과 어울리는 핑크색을 포인트로 넣고 싶었다. 당시에는 남자친구였던 지금의 남편이 손수 만든 핑크색 수납장을 선물해 줬고, 핑크색 침구를 포인트로 깔아주니 완벽했다. 나름 나의 취향에 맞는 균형을 찾아가고 있었다.

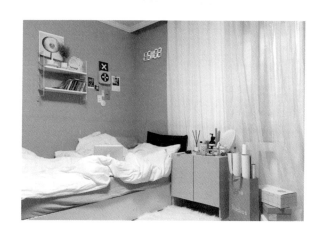

갖가지 인테리어 요소들이 통일감 있고 조화롭게 어울리도록 하는 방법은 무엇일까? 많은 사람들이 가구점에서 필요한 큰 가구들을 세트로 구입해 디자인을 통일하든가 여러 가구들의 색 톤을 맞추는 선택을 한다. 이와 반대로 나는 내 공간에 채워 넣고 싶은 소품들을 미리 찾아 놓거나 또는 구매해 놓은 후에 그것들과 어울리는 전체적인 공간의 분위기와 색을 정하는 편이다. 결국 인테리어의 분위기를 완성시키는 것도, 그 조화로움을 깨버리는 것도, 작은 소품들이라고 생각하기 때문이다. 분위기를 최종적으로 결정하는 것들도 소품들이라고 생각한다.

인테리어를 시작하기로 했으면 작은 소품부터 큰 가구 그리고 벽지와 조명까지 모든 부분을 노트에 그려 놓거나 상상하는 이미지 트레이닝을 수시로 많이 하는 것이 좋다. 그래야 실제 작업에 들어갔을 때 실수를 줄일 수 있고 자신이 원하는 것을 최대한 실현할 수 있다.

소품 가게 슬로우어에 오는 손님들 중 몇몇은 가끔 사진을 보여 주며 "여기에 꾸미고 싶은데 이 소품이 어울릴까요?"라고 묻는다. 생각지도 못한 타인의 공간을 보고 그에 어울리는 소품을 고민할 수 있는 재미있는 시간이 시작되는 순간이다. 그 손님들처럼 소품에 대해 고민하는 것은 현명한 태도이다. 소품을 쇼핑할 때 그 소품을 어느 곳에, 어떻게 놓으면 적당할지 상상하는 습관을 들이도록 하자. 무턱대고 사고 보는 것이 아니라 스탠드 하나 사더라도 소품들이 제자리를 찾을 수 있도록 해야 한다. 명심하자, 각기 다른 소품들이 모여 하나의 분위기를 만든다는 것을.

명심하자, 각기 다른 소품들이 모여 하나의 분위기를 만든다는 것을.

집순이에서
소품 가게 주인이 되기까지

20대 후반이 되어서도 나는 방황 중이었다. 다른 친구들이 진득하게 직장 생활을 하며 적금을 들고 안정된 생활을 찾아갈 때도 나는 여전히 무엇을 해야 할지 모른 채로 방황 중이었다. 모아둔 돈도 없었다. 새로운 것에 대한 호기심만 가득했고 무모하게 도전하기 바빴다. 부모님은 걱정했고 스스로도 두려웠다. 아닌 척했지만 사람들을 만날 자신이 없었다. 그래서 더 '내 방'이라는 공간에 애착을 갖고 집착을 했는지도 모르겠다. 혼자 방 안에서 영화를 보고, 음악을 듣고, 책을 읽고, 무언가를 끄적이는 시간이 많아졌다. 스스로 내 마음속을 들여다 볼 수 있는 여유도 생겼다.

가끔 불안함과 함께 초조함이 밀려올 땐 "나는 그냥 천천히 갈게요."라고 말했다. 불안한 나에게 말하는 주문과도 같은 말이었다. '주변 사람들은 이미 저만치 앞서 있다고 하더라도 나는 그냥 나대로 천천히 가야지.' 수도 없이 반복했던 마음 속 위로의 말이었다. 그 문구가 지금 슬로우어의 슬로건이 되었다. 비록 월세방이었지만 낯선 일본에서 엄연한 나의 공간이었던 내 자취방이 나에게 큰 위로가 되어주었듯, 20대 후반이 되도록 방향도 잡지 못한 나에게 내 방은, 공간은 마음의 큰 안식처가 되어 주었다.

특정 공간이 마음에 들기 시작하면 그에 대한 애정은 무한히 샘솟는다. 나의 경우, 한동안 취미가 방 청소, 가구 배치 바꾸기였을 정도

나는 내 방을 너무나 좋아하는 집순이였다.

였다. 예전에는 카페 투어나 예쁜 공간을 찾아다니며 보냈던 시간을 오로지 방에서 보내기 시작한 것이다. 그렇게 자연스럽게 집순이가 되었다. 벽지 위에 페인트만 칠했을 뿐인데, 한동안 마음에 담아 두었던 화이트의 벽 선반과 화이트 프레임의 침대만 놓았을 뿐인데, 그 공간에 나 자신이 가득 담긴 기분이었다.

내 공간에 놓을 소품을 바라보는 시선도 달라졌다. 먼 거리에 있는 광명 이케아를 일주일에 두 번이나 오가며 겨우 화분 하나, 혹은 수납 바구니 하나를 사왔다. 그보다 더 먼 제주도의 소품 가게에 들러 고민을 거듭하다 사온 캔들 하나에 마음이 풍족해지기도 했다. 국내든 해외든 여행을 갈 때면 소품 가게를 찾아 돌아다니고, 카페나 음식점을 가서도 소품들을 찬찬히 들여다 봤다. 작은 소품들이 공간의 분위기와 풍성함을 주고 결국 그곳의 정체성이라는 믿음이 있었고, 나 역시도 내 공간에 나를 표현할 수 있는 소품들을 찾는 것이 너무 즐거웠다. 소품 하나하나를 살 때마다 하나, 둘씩 나의 이야기를 담는 기분이 들었다.

방에 대한 애정이 커질수록 소품에 대한 관심도 커졌고, 새로운 소품을 발견하면 어떻게 놔두면 좋을지 고민하며 설레던 마음이 지금의 소품 가게 슬로우어의 기반이 되었다. 누군가의 공간에 따뜻함을 채울 수 있는 하나의 소품, 그 즐거움을 찾을 수 있는 소품 가게를 운영하고 싶었다. 하고 싶은 일이 생긴 것이다. 언젠가부터 막연하게 운영하고 싶다고만 생각했던 소품 가게에 대한 소망을 실현하고 일로 삼아 살아갈 수 있겠다는 확신이 생긴 것이다. 내가 내 방에서 위로를 받고 그 방을 채워 나갔던 소품들로 마음의 안정을 찾았듯 누군가도 자신의 공간을 자신의 이야기가 담긴 소품들로 가득 채워 자신을 찾고 돌아보는 깊은 시간을 가졌으면 좋겠다는 또 다른 소망도 생겼다.

직접 꾸민 내 방에서 내가 가장 좋아하던 곳은 벽이었다. CD, 작은 인형, 꽃이 놓여 있던 선반과 무인양품 CD플레이어, 엽서나 포스터들을 붙여 놓은 벽. 매일 애정 어린 마음으로 그 벽을 바라보다 문득 벽에 붙이는 달력을 만들어 보고 싶다는 생각을 했다. '내가 찍은 사진으로 달력을 한번 만들어 볼까?' 그렇게 슬로우어 달력이 탄생했고, 이것은 소품 가게 슬로우어의 첫 번째 소품으로 판매되었다.

하고 싶은 일이 생긴 것이다. 소품 가게 슬로우어.

소품 가게 슬로우어에 있는 소품들은 모두 고민 끝에 구매한, 하나하나가 의미 있는 물건들이다. 한 번 보고 두 번 생각하고 세 번 고민하며 '이건 이렇게 쓰면 좋겠구나', '이건 이런 사람들이 이렇게 활용하면 좋겠지', '활용성은 낮지만 이런 분위기의 공간에 놓으면 좋을 수 있으니!'라며 가져다 놓은 물건들이 한가득이다. 국내외 브랜드의 상품은 놓지 않는다. 내 눈이 닿는 곳에 내 손길이 닿은 것들로 채우고 싶은 욕심 때문이다. 누군가에게는 아집으로 보일 수도 있겠지만, 그러한 선택이 바로 슬로우어다. 비록 느리고 답답할지언정, Slow.er라는 이름 그대로 천천히, 그게 나의 속도이다.

'나는 그냥 천천히 갈게요.'라는 슬로우어의 슬로건과 캔들은 참 잘 어울리는 한쌍이다. 캔들은 직접 꾸준히 만들고 있는 소품 중의 하나이다. 캔들 하나를 만드는 데 짧지 않은 시간이 걸리지만, 직접 색을 만들고 시간을 들여 캔들의 모양을 갖추고, 그리고 촛불을 켜면 다시 서서히 녹는 것, 그 모든 과정이 슬로우어 같다.

캔들 외의 제작 상품들 역시 그러하다. 슬로우어에는 몇 가지 세삭 소품 가구들이 있다. 연애 시절 지금의 남편에게 직장을 다니며 주말에 목공 기술을 배우는 것이 어떠냐고 권유했다. 손재주가 좋은 남편이었기 때문에 참 잘 맞을 거라고 생각했기 때문이다. 내가 디자인하고 남편이 제작하는 그 가구들은 다른 목공소들이 작업하는 큰 테이블도, 의자도 아닌 작은 수납장, 말 그대로 소품 가구이다. 화장대에 놓을 화장품 수납장을 시작으로, 공간을 많이 차지하지 않으면서도 어디에 두어도 예쁜 작은 가구들을 만들기 시작했다. 그렇게 시작해

나는 그냥 천천히 갈게요

현재 9종류 내외의 소품 가구를 제작하고 있다. 시간도 오래 걸리고 작업하기에도 번거로운 작은 가구를 만든다고 했을 때, 많은 사람들이 그냥 '큰 테이블을 하나 판매하는 것이 더 돈이 되지 않겠냐'고 묻기도 했다. 물론, 당연히 그렇다. 하지만 시간이 오래 걸려도, 작지만 가치 있는 가구를 만들고 싶었다. 그것이 슬로우어의 속도와 의미, 방향 그리고 그 가치라고 생각했기 때문이다. 느리지만 꾸준히 그 마음을 이어 나가고 싶다.

자신이 좋아하는 것이
곧 자신의 감각이다

공간을 꾸민다는 것은 자신을 담는 것과도 같다. 자신이 어떤 사람인지, 자신이 어떤 것을 좋아하는지를 담는 것이다. 마치 어릴 적 새 학기를 시작할 때 새 교과서를 정성스럽게 투명지로 싸고, 크게 자신의 이름을 적고 새롭게 앉게 된 내 책상을 깨끗하게 닦고, 좋아하는 연예인 사진을 붙여 놓는 것과 같은, 그런 취향을 담는 것이다. 하지만 책에서 책상으로, 책상에서 방으로, 그 범위가 확장될수록 우리는 겁을 내고 공간에 자신을 담는 것을 두려워한다.

'이 넓은 공간을 어떻게 채우지?', '어디서부터 시작해야 하지?', '나는 감각이 없는데, 어떻게 하지?' 걱정부터 한다. 감각이나 센스의 기준이 정해져 있는 것도 아닌데 말이다. 자신이 좋아하고 자신이 선호하는 취향이 곧 자신의 감각이라는 것을 모른 채 겁을 먹고 포기해 버리고 만다. SNS 채널을 통해 서로의 삶을 쉽게 들어디 볼 수 있는 요즘 같은 시대에는 더욱더 지레 겁을 먹게 된다. 색다른 감각을 선보이는 사람들의 삶을 보며 자신은 이렇게 멋지게 꾸밀 수 없으니 시작도 하지 못하겠다는 생각이 의지를 꺾어 버리기도 한다. 나 역시 그랬다. 예쁘게 꾸미고 사는 사람들을 보면 '이 집은 원래 처음부터 인테리어가 잘 되어 있었겠지?', '이 사람들은 감각이 원래부터 타고났겠지?' 흉내 내봤자 어쭙잖은 따라쟁이만 될 뿐 내 것이 될 수 없었다. 생각해 보면 그 '타고난 감각'이라는 기준 자체가 나뿐만 아니라 자기 공간을

'나는 그냥 천천히 갈게요. 소품 가게 슬로우어를 만드는 것도요.'

가꾸려는 많은 사람들을 옭아매고 있는 것 같다. 남을 위혜 꾸미는 공간이 아니라 자신을 위한, 자신을 담는 공간이니 편하게 생각하면 좋을 것 같다.

혼자 방에서 시간 보내기를 좋아하던 집순이가 소품 가게를 운영하기로 마음을 먹고, 겁도 없이 가게를 얻으러 돌아다녔다. 여러 공간 중 마음에 든 곳은 4평 남짓한, 주차장 안쪽에서 창고로 사용하던 곳이었다. 길을 걷다가 쉽게 발견할 수 있는 위치의 가게가 아니었다. 깊숙이 들여다봐야 보일 법한, 괜스레 비밀스러운 느낌의 가게. 마치 내가 혼자 보낼 수 있는 내 방처럼 안쪽에 있어 다른 사람에게 잘 보이지 않는 곳이라는 점이 이상하게 마음에 들었다. 처음 지어졌을 때 모습 그대로 누구도 손댄 흔적이 없는 모습도 좋았다. 요즘은 흔히 볼 수 없는 돌 시멘트 바닥은 그대로 두기로 했다. 다만 좋아하는 느낌의 카펫을 깔아 포인트를 주기로 했다.

반면 너무 작은 공간이었기 때문에 이곳을 어떻게 활용할지는 큰 문제였다. 소품 가게이기 때문에 무엇보다 소품들을 선보이는 진열장이나 테이블, 그리고 손님들이 움직이는 동선이 가장 중요했다. 공간의 양쪽에 소품들을 진열하고 가운데에 큰 테이블을 놓았다. 그곳에 캔들을 직접 만들기 때문에 필요한 작업 공간, 계산대, 여러 물건을 담을 수 있는 수납장을 함께 두었다. 테이블에 붙어 있는 수납장은 소품 가게 문을 열고 들어오는 정면에서는 계단처럼 보이게끔 디자인했다. 문을 열고 들어올 때, 이 작은 공간을 둘러볼 때, 이곳에 있는 순간을 상상하며 나는 이곳에 정말 많은 애정을 쏟아 부었다.

소품 가게 슬로우어 문을 열고 들어오면 바로 보이는 작업 공간 및 계산대

시든 꽃이라도 나뭇가지의 따뜻함은 남는다.
그레이색의 화병과 촛불, 나무의 색이 자연스럽게 어울린다.

나는 그냥 천천히 갈게요

슬로우어에는 어느 구석진 곳 하나 허투루 꾸며진 곳이 없다. 앞서 말했듯 나도 '감각은 타고 나야 하는 것'이라고 생각했고, 감각을 키우겠다고 멋진 인테리어를 아무리 따라해 보아도 그 감각은 오롯이 내 것이 아니라는 생각, 늘 한계에 부딪히는 기분이었다. 그래서 방법을 바꿨다. 그냥 내 마음대로 하기로. 대신 사물에 대한 관심을 더 갖기로 했다. 작은 공간이라도 내 마음에 들게끔 완성하기 위해 많은 소품들을 생각하고, 놓을 위치를 고민하고, 조화를 이루기 위해 노력했다. 소품 가게를 찾는 사람들은 나의 애정이 깃든 구석을 발견하며 사진을 찍는 것을 좋아하고 내가 한때 그토록 바랐던 '감각이 좋다'라는 말을 한다. 하지만 이제 안다. 그 감각은 타고나는 것이 아니라 애정이 담긴 작은 관심에서 비롯된 노력이라는 사실을 말이다. 그 관심을 나는 부분, 세부라는 뜻의 '디테일(*detail*)'이라고 부른다.

일본에서 패션 학교를 다니던 시절 유난히 감각이 남달랐던 친구들이 많았다. 함께 수업을 듣고 같은 진도로 공부하고 있었지만 과제 발표를 할 때면 확연히 다른 느낌이었다. 그들이 하나 더 가진 것은 무엇이었을까? '디테일'이었다. 셔츠 소매 만드는 법을 배우고 응용을 해도 배운 그대로를 만드는 나와는 다르게 그 친구들은 디테일을 하나 더 넣음으로써 자신만의 감각을 발휘했다. 세상의 센스 있는 것들은 모두 애정과 관심이 담긴 디테일을 품고 있다.

예를 들어, 화병을 하나 구입했다. 일반적으로는 화병을 두고 꽃을 꽂을 것이다. 여기에 그치지 않고 화병 아래에 레이스 받침 또는 좋아하는 엽서나 사진, 빈티지 책을 놓는다면 한층 더 분위기 있는 소품 연출이 될 것이다. 좋아하는 캔들이나 액자 등을 함께 놓아도 좋다. 조금 더 분위기 있는 연출을 위한 관심을 더해 주는 것, 그것이 디테일이다.

앞서 말했듯 디테일을 더하기 위해서는 관심을 갖는 것이 중요한데, 이를 행동으로 실천하기 위해서는 이미지 하나도 허투루 보아서는 안 된다. 나는 평소에 핀터레스트(*www.pinterest.co.kr*, 요리법, 집 꾸미기 아이디어, 영감을 주는 스타일 등 시도해 볼 만한 아이디어를 찾아서 저장, 공유하는 사이트)나 인스타그램에서 수시로 이미지를 찾아보는 편이다. 하지만 그 이미지들을 따로 저장해 놓는 편은 아니다. 핸드폰으로 많은 사진을 찍고 저장하지만, 나중에 그 사진을 다시 보는 경우가 얼마나 될까? 저장하는 사진의 수는 점점 많아지고 기존의 사진들은 결국 뒤로 밀려 나중에 다시 찾으려고 해도 찾기 어려울 때가 있지 않은가. 이미지 저장을 하기로 한 순간부터 '나중에 다시 보면 되니까'라며 자세히 이미지를 들여다보지 않고 넘겨 버리게 된다. 결국 내 것이 되지 않는다. 그래서 나는 좋은 이미지를 발견한 순간 '다시 보지 말자'라는 생각으로 꼼꼼히 봐 두는 습관을 들였다.

비슷한 카테고리의 새로운 이미지를 계속 찾으며 그것들을 눈과 머리에 익숙하게 만들어 놓으면 추후 인테리어를 할 때 불현듯 떠오르거나 감각이 나타나게 된다. 침실 인테리어, 작은방 꾸미기, 공간 인테리어 등을 검색해 보자. 한국어가 아닌 여러 언어로 검색해 보는 것도 좋은 이미지를 찾고 관심을 행하는 방법 중에 하나이다. 유럽이나 일본의 방 인테리어 이미지를 보면서, 방의 구조가 어떻게 생겼는지, 가구나 침대의 크기에 비해 방의 크기는 어느 정도인지, 창문이 있다면

나는 그냥 천천히 갈게요

그 창문을 어떻게 다른 방법으로 꾸며 놓았는지, 어느 것 하나 놓치지 않고 유심히 들여다보는 습관을 가지면 좋다. 그렇게 이미지를 보다 보면 어느새 인테리어에 대해 공부한 것 같은 효과가 나타난다. 오늘의 의상과 어울리는 가방, 신발을 고르는 것처럼 자연스럽게 이 공간에 어울리는 가구, 창문에 어울리는 커튼을 고를 수 있게 된다.

'감각을 만든다'는 것은 '궁금증을 해결한다'는 의미이기도 하다. 한때 텔레비전에 인테리어 관련 프로그램이 많이 방송되었다. 그때는 북유럽에서 흔히 볼 수 있는 인테리어가 우리나라에 한창 유행하고 있었는데, 그중에서도 몰딩을 이용한 인테리어를 많이 볼 수 있었다. 몰딩은 나무 패널(*panel*, 판자)로 된 긴 모양으로 벽과 천장이 만나는 부분을 깔끔하게 가려 주기 위해 많이 쓰이는 방법이다. 이 몰딩을 벽과 벽 사이의 이음새로 쓰지 않고, 사각형의 액자처럼 만들어 벽에 붙이는 것을 웨인스 코팅(*wains coting*)이라고 한다. 이 시공은 생각보다 꽤 간단한 방법으로 고풍스런 분위기가 효과적으로 연출되기 때문에 셀프 인테리어로 많이 사용되는 방법 중 하나이다. 당시 방송을 보면서 웨인스 코팅을 처음 알게 되었던 나는 웨인스 코팅과 관련된 인테리어 사진을 찾아보고 또 찾아봤다. 겉으로 보기에는 굉장한 전문가의 손길이 필요해 보였지만, 인터넷에서 이미지와 시공 방법을 찾아보고, DIY 재료 사이트에서 필요한 재료들을 쉽게 구입할 수 있는 것을 확인하니, 생각보다 저렴한 금액으로 누구나 어렵지 않게 할 수 있는 집 꾸미기 방법이라는 것을 알게 되었다. 아직까지 직접 시공해 본 적은 없지만 그때 공부해 둔 덕분에 낯선 공간이나 카페를 가면 웨인스 코팅 기법을 활용한 인테리어를 주의 깊게 볼 수 있게 되었나.

어느 공간에서든 한번 본 인테리어를 단지 '예쁘다'라고만 생각하지 않았으면 좋겠다. 더 나아가 궁금해 하고, 호기심에서 끝내지 않고, 귀찮다고 포기하지 않고, 찾아보고 익혀 온전히 자신의 것으로 만드는 과정을 거쳤으면 한다. 그것이 바로 온전히 자신의 감각을 만들고 채우는 길 아닐까.

실제로 수백 장의 이미지를 꼼꼼히 뜯어 보며 궁금한 걸 스스로 찾아보니 공간에 대해 이해할 수 있었다. 그렇기 때문에 작은 소품 가게를 오픈하기로 결정하고 공간을 계약한 후 인테리어에 대한 고민을 시작했을 때, 나의 취향과 인테리어의 방향에 대한 의심이 없었다. 이런저런 이미지를 많이 찾아볼 필요 없이, 처음부터 이 공간이 어떻게 꾸며지기를 원하는지 알았다는 것은 나에게 어울리는 옷이나 스타일에 대한 취향이 분명하듯 공간에 대한 취향이 분명했다는 뜻이다. 평소 많은 이미지를 보고 이런저런 다른 방식으로 상상하다 보면, 어느 날 내 공간을 꾸밀 기회가 생겼을 때 자연스럽게 머릿속에 이미지가 그려지고 완성된 모습이 상상될 것이다. 자신의 취향을 반영한 자신만의 감각이 발휘되는 순간이다.

Part 2

지금
있는 곳에서
다시
시작한다는 것

welcome
to the wedding of
seungjin + noo

2018.06.09

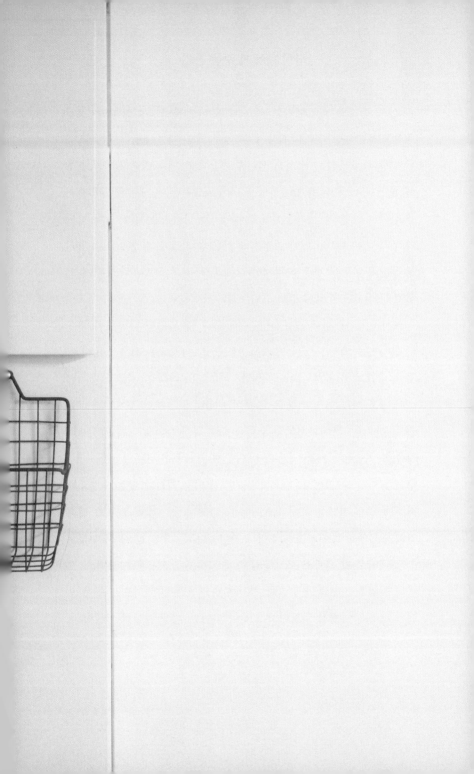

집이 나에게 주는 온기

엄마는 늘 오빠와 나에게 고향이 없다며 그런 우리를 보면 슬프다고 말했다. 흙과 나무, 물과 자연이 있는 추억할 만한 고향이, 고향의 그 정겨운 집이 없다는 것은 너무 슬픈 것이라고 했다. 맞는 말이다. 나는 엄마처럼 동네에 흐르는 작은 냇가에서 송사리를 잡아서 놀던 기억, 가을이면 산에서 떨어지는 밤을 주워 삶아 먹던 기억, 추억이라고 할 만한 기억이 담긴 고향이 없다. 정겹고 구수한 시골 풍경이 있는 고향은 아니지만 나에게도 늘 기억 속에 소중하게 간직해 둔 정겨운 추억의 집이 있다.

내가 어릴 때 살던 집은 서울 연신내에 있었다. 작은 차고지 마당이 있는 단독 주택이었다. 우리는 2층에 살고 1층에는 작은 약국이 있고 동생 또래의 남자 아이네 식구가 살고 있었다. 차고지를 마당처럼 쓰며 개도 여러 마리 키우고, 그곳이 놀이터인 것처럼 놀기도 했다. 2층 창문에서 1층 마당까지 바구니를 끈에 묶어 올리고 내리면서 오빠랑 놀고 가끔은 아빠의 세차를 돕기도 했다. 대문만 나서면 같이 놀 친구들을 만날 수 있었고, 걸어서 2분도 안 되는 거리에 있는 문방구에서 하루 종일 시간을 보내고 돌아올 수 있었던 곳이었다. 도시 속 집이었지만 엄연히 나에게는 그곳이 고향이었다. 큰 거실, 방 세 개가 있는 그 집에서 우리 가족과 고모들이 함께 살다가 고모들은 시집가고, 오빠의 학업을 걱정하던 엄마의 결정에 따라 일산의 아파트로 이사 오면서 그곳은 완전한 추억이자 고향이 되었다. 어린 시절의 기억이 고

스란히 담겨 있는 우리 가족의 따뜻한 집. 그 집에 대한 기억은 참 오래도록 머문다. 그래서 나에게 집이란, 공간이란 매우 중요하고 꼭 소중히 가꾸어야 하는 곳이다. 나에게 고향이란 바로 집이다.

길면 길고 짧으면 짧은 우리의 삶에서 늘 한 곳에만 머물 수는 없을 것이다. 정성들여 가꾸고, 자신의 취향과 마음을 담아 생활하던 곳에서 불가피하게 떠나야 하는 상황을 맞이할 수도 있다. 자신이 들였던 시간과 노력을 그대로 두고 떠나야 하는 마음을 생각하면 애초에 노력을 안 하는 편을 택하는 사람도 있을 것이다. 하지만 그 공간에 더 이상 머물 수 없다고 해도 그 공간에 들인 시간과 노력이 무용지물이 되는 것은 아니다. 그 공간에서 쌓았던 추억과 이야기, 경험들은 새로운 공간에서의 출발을 위한 시작이 될 수 있다. 다시 공간을 꾸리면서 이전과 변함없는 자신, 반대로 새로운 자신을 발견하고 그 공간에 담는 과정을 겪을 수 있다. 추억에 추억을 하나 더하고, 좀더 성장하고 달라진 자신을 담는 공간, 우리가 살아가는 집은 단순한 부동산이 아니라 '자신을 담는 공간'이다. 이런 믿음 때문에 내가 살아가는 곳에 대한 애착이 강하다. 더 신중하고, 더 고민할 수 있으면 고민하고, 가능한 한 최대한 직접 만지고 느끼며 내 공간을 만들어 가고 싶다.

나의 취향이 가득한 소품들과 내가 만든 캔들, 그리고 남편이 만드는 작은 나무 소품들을 판매하는 소품 가게 슬로우어라는 공간도 내가 사랑하는 공간이지만, 이곳이 종착점은 아닐 것이다. 소품 가게와는 별개로 우리의 꿈이 있다. 엄마가 말하던 풍경, 그 정취를 품은 집을 짓는 꿈. 그 집에서 우리 가족은 단 한 팀이라도 정성들여 손님을 받을 수 있는 작은 게스트하우스를 운영하고 있을 것이다. 가족 단위의 손님이 오면 아빠와 아들은 내 남편과 함께 나무 의자를 만들고, 엄마와 딸은 나와 함께 캔들을 만드는 공간이 있는 그런 집. 우리 공간에서 다른 사람들도 따뜻한 온기를 느낄 수 있길 바란다. 언젠가 생길 그곳이 우리의 마지막 고향이고, 다른 사람들에게도 그런 고향이 생겼으면 좋겠다.

어디서든,
근사한 시작을 할 수 있다

누구에게나 '처음'에 대한 추억은 큰 의미를 지닌다. 일산의 아파트로 이사와 '처음' 내 방이 생겼을 때, 책상과 침대, 옷장까지 모든 것이 '처음'으로 오롯이 내 것이 되었을 때, 그 '처음'의 설렘과 추억은 아주 오랫동안 기억에 남아 있다.

어릴 적 막연히 결혼을 한다는 것에 대해 상상할 때, 방 두 개에 거실이 있는 공간을 마음껏 꾸미리라고 생각했었다. 당시 상상할 때는 소박하다고 생각했던 방 두 개는 수억이 넘는 대출을 끼지 않는 이상, 부모님의 도움 없이 시작하려는 예비부부인 우리에게는 너무나 부담되는 일이었다.

우리에게는 소품 가게 슬로우어가 있었고 내 집 마련보다 앞서는 목표와 꿈이 있었다. 신혼집을 마련하기 위한 빚은 우리를 꿈에서 더 멀어지게 할 뿐이었다. 미래를 위해 우리는 결심했다. 지금 내가 살고 있는 집에서 시작하자고. 다시 일을 벌이기로 했다. 나에게는 익숙한 곳이지만 당시 남자친구였던 남편에게는 익숙하지 않은 처가살이를 시작해야 한다는 의미이기도 했다. 어려운 결정이었지만 잘 할 수 있을 것 같았다.

결혼을 한다고 하면 "신혼집은 어디야?"라는 질문이 늘 따라왔지만, 주눅 들지 않았다. 아니 사실 누군가가 우리의 모습을 보고 '아, 부모님과 함께 살더라도 이렇게 예쁘게 살 수 있구나'라고 생각하길 바

랐다. 대충 시작하고 싶지 않았다. 우리에겐 두 번 다시 오지 않을 신혼이라는 시간이었고 소중한 추억이 될 지금을. 더 제대로, 예쁘게, 완벽히 인테리어를 해내고 싶었다. 주위 친구들이나 지인들을 둘러봐도 확실히 평범하지 않은 시작이었다. 부모님과 함께 시작하는 신혼이, 게다가 친정 부모님들과 함께 그 시작이라니. 하지만 나에게 문제될 이유는 크게 없었다. 우리에겐 우리만의 꿈이 있었고 시작이 어느 공간이든 공간을 꾸민다는 일은 나에게 늘 큰 설렘으로 다가왔기 때문이다. 누군가의 첫 자취방, 신혼부부의 첫 공간, 첫 작업실과 방과 집이 어떠한 형태로 어떠한 모습으로 다가오든 어떠한 마음으로 애정을 갖느냐에 따라 공간의 가치는 달라질 수 있다. 누구나 어디서든 아늑하고 근사한 시작을 할 수 있다는 걸 알았으면 했다. 지금부터 시작하면 된다.

내가 살던 곳이었지만 내가 아닌 우리가 시작하는 공간이었다. 방 두 개일 뿐이었지만 신혼방이었고 나에게 삶을 보내는 공간의 의미는 단순히 잠을 자는 곳은 아니었다. 일본 유학 시절에 나의 첫 자취방에서 받았던 위로의 공간, 한국으로 돌아와 방황하던 20대의 시간을 함께 견딘 울타리로서의 공간, 그리고 이제는 내가 사랑하는 사람과 함께 기대하고 시간을 보내며 추억을 쌓게 되는 공간으로의 변화가 필요했다. 우리의 첫 보금자리였기 때문에 더욱 예쁘게 꾸며서 지내고 싶었다.

남편과 마주 앉아 어떤 부분을 어떻게 하면 좋을지 이야기를 나눠보았다. 일이 커질 것 같았다. 우리가 바라는 방의 모습은 단순히 페인

트를 칠한다든지 예쁜 가구를 고르고 배치하고 꾸며서 나올 일이 아니었다. 말 그대로 대공사가 필요했다. 단순히 꾸미는 것과는 차원이 다른 부분인 만큼 신중하고 조심스럽게 시작하기로 했다.

우리가 살아가는 공간을 조금 더 안락하고 예쁘게 꾸미는 일을 나중으로 미루지 말아야 한다. '지금 이 공간에서는 안 될 것 같아, 나중에 이사 가면 꾸며야지' 이런 생각들이 지금 당장 내 공간을 만들고 싶은 마음을 붙잡는다는 것을 잘 알고 있다. 그래서 나중 일이라고 미루는 것도 알고 있다. 하지만 그런 생각을 버리고 지금 당장, 조금씩이라도 움직였으면 좋겠다. 호캉스(호텔*hotel*에서 바캉스*vacance*를 즐기는것)를 떠나는 이유도 단 하룻밤이라도 안락하고 깨끗하고 편안한 곳에서 지내고 싶은 마음 때문이지 않은가. 자신에게 편안함을 주는 공간이 호텔이 아니라 지금 살고 있는 바로 이 공간이라면 하룻밤의 즐거움보다 더 많은 시간을 행복하게 보낼 수 있지 않을까. 주어진 환경이 다소 불편하고 제한적이라고 하더라고 포기하지 않고 더 애착을 갖고 꾸미면 그 행복을 찾고 누릴 수 있다.

나는 그냥 천천히 갈게요

머릿속으로 나누고 붙이다 보면…
공간이 보인다

우리의 첫 신혼집 아니 신혼방 꾸미기가 시작되었다. 독립해서 비어 있던 오빠의 방, 그 방과 마주한 할머니의 방 그리고 그 사이에 있는 화장실까지 우리의 공간으로 만들어 살기로 했다. 소품 가게 슬로우어에 이은 생애 두 번째 셀프 인테리어가 시작되던 참이었다.

우선 우리에게 주어진 방 두 개를 효율적으로 활용하기 위해 필요한 공간의 카테고리를 만들었다. 여기서 말하는 카테고리란 필요한 생활 공간을 나누는 작업이다. 영화를 좋아하는 내가 영화를 볼 수 있는 공간, 텔레비전 보기를 좋아하는 남편이 마음껏 채널을 돌리며 볼 수 있는 거실, 간단한 요리를 하거나 라면 정도는 끓여 먹을 수 있는 부엌이 있었으면 좋겠다고 생각했다. 컴퓨터로 작업을 많이 하는 나에게 테이블도 필요했고 이왕이면 여유 있게 책도 읽을 수 있는 곳도 있으면 좋을 것 같았다. 하고 싶은 건 많았지만 공간은 제약적이었다. 바람을 다 실현하기에는 무리수였다. 단념해야 하는 부분은 과감히 버려야 했다. 그러기 위해선 앞으로 살고자 하는 공간이 어떤 곳인지에 대해 정리해야 했고, 익숙한 공간이기에 놓친 부분은 없는지 구석구석 다시 살펴봐야 했다.

우리가 사용하기로 한 방 두 개는 현관문을 열고 들어오면 바로 양옆에 있었다. 들어오자마자 바로 왼쪽 방은 할머니가 쓰시던 방으로

나는 그냥 천천히 갈게요

내가 쓰던 방보다도 작은 방이었지만 베란다가 있었고, 화장실과 바로 붙어 있다는 장점이 있었다. 부모님과 함께 살기로 결정한 후 남편이 가장 중요하게 생각했던 '화장실 분리'를 할 수 있을 구조라고 생각했다. 보통 새로 지은 아파트 안방에 화장실이 같이 있는 구조는 아무 생각 없이 나온 설계는 아니었을 것이다. 그것처럼 우리도 방 안에 화장실이 있는 구조를 생각했다. 방과 붙어 있는 화장실, 그렇다면 그 두 공간을 묶어 한 공간처럼 만들면 어떨까? 이를 위해 거실의 공간과 화장실, 방 사이에 벽과 문이 필요할 것 같았다. 인터넷에 '가벽 설치', '방문 만들기'를 검색해 보았다. 까다로운 작업임은 분명했으나 못할 것 같지는 않았다. 자연스럽게 화장실과 붙어 있는 방을 침실로 사용하기로 했다.

그 다음 가장 걱정스러운 부분이었던 공간은 옷이 들어갈 드레스룸이었다. 로망이었던 드레스룸을 만들 공간은 없었기 때문에 드레스룸(*room*)이 아닌 말 그대로 드레스스페이스(*space*)을 만들어야겠다는 생각이 들었다. 우선 옷과 화장대를 하나의 공간으로 묶은 뒤 침실로 가져갈지 나머지 하나의 방으로 가져갈지 고민했다. 결국 화장대도, 옷장도, 화장실과 붙어 있는 것이 편할 것이라는 결론을 내리고, 드레스룸과 파우더룸은 침실에 남기로 했다.

드레스룸과 함께 갖고 있던 나의 또 다른 로망은 작은 주방이었다. 여러 인테리어 사진을 찾아보다가 외국의 어떤 집에 아주 작게 꾸며진 미니 카페 바의 이미지를 기억에 담아 두었다. 커피를 좋아하는 내가 커피를 내리고 라면을 좋아하는 남편이 라면 정도는 간단하게 끓

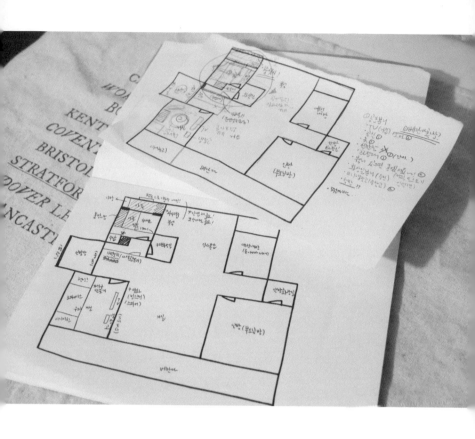

내가 사는 집은 방이 네 개, 화장실이 두 개다.

큰 거실이 있고 부엌 공간은 따로 분리가 되어있다.

앞으로 부모님과 함께 살아갈 이 공간을 어떻게 활용할지 고민했다.

여 먹을 수 있는 공간이 필요했다. 이 작은 주방과 텔레비전과 영화를 보는 공간을 모아 또 다른 방에 거실방을 만들기로 했다.

카테고리를 나누는 작업을 했으면 이제부터는 실용성을 고려하여 구조에 대해 이해하는 시간이 필요하다. 종이를 꺼내와 편한 방식대로 집 도면을 그리고 스케치 작업을 했다. 가꾸고자 하는 공간에 대한 구조적 이해는 물론, 숨길 공간, 보이는 부분을 확실하게 파악하고 동시에 작업 후에 집 전체의 미관을 해치지 않는지도 고려해야 한다. 그렇게 결정된 구조가 지금의 신혼방이 되었다.

생소하고, 어렵고, 지겨울지라도 무한 반복!
필요한 재료와 작업 순서 정하기

◇ 첫 번째 할 일, 철거 작업 ◇

　　인테리어의 시작은 '철거'이다. 무언가로 가득 차 있는 공간을 비운다는 것은 대단히 어려운 일이다. 원래 사람이 살고 있던 공간을 아무것도 없었던 상태로. 이것은 필요 없는 것들을 버리는 일과는 또 다른 차원의 노동이 필요한 일이자 인테리어 공사를 시작하기 위한 준비 단계로 꼭 필요한 과정이다.

　　우리가 침실로 사용하게 될 방의 베란다를 먼저 비우기 시작했다. 베란다에는 안 쓰는 좌식 테이블부터 선풍기 그리고 할머니가 쓰시던 냉장고도 있었다. 베란다 수납 장롱 안에는 아빠가 이제는 안 쓰는 캠핑 장비부터 옛날 앨범들까지 정리할 것이 정말 산더미였다.

　　물건들을 버리거나 남기면서 정리를 한 후, 수납 장롱을 해체하면서 우리는 당황하기 시작했다. 그동안 물건들이 가득 채워져 있던 탓에 보지 못했던 수납 장롱 안의 베란다 외벽 구조가 뜻밖의 형태였기 때문이다. 흔히 볼 수 있는 각진 벽면이 아니라 굴곡이 있는 라운드 형식의 벽면, 그 반대쪽에 있는 배관까지. 갑자기 '짠' 하고 생긴 구조는 아니었을 것이다. 분명 이 집에서 10년을 지내왔건만 내 방이 아니었기 때문에 나에게 필요한 공간이 아니었기 때문에 보이지 않던 구

작은방에서 베란다로 나가는 하얀 문을 지나면
계절마다 달라지는 풍경이 보인다.
이 풍경을 더 가까이에서 보고 싶어
베란다를 확장하기로 했다.

조였을 터! 철거를 하면서 그때그때 나타나는 낯선 구조를 스케치에 추가해 가며 수정, 보완하고 천천히 진행했다. 베란다에 가득했던 짐을 버리고 수납 장롱을 해체하고 냉장고도 다른 베란다로 옮겼다.

그 다음은 방과 베란다 사이에 있는 유리문을 분리해야 했다. 오래된 집이니만큼 문을 잡고 있는 벽면이 살짝 내려앉은 상태였다. 이리저리 움직여도 마지막 문이 빠질 기미가 보이지 않았다. 힘으로 빼려고 안간힘을 쓰던 찰나, 유리가 와장창 깨지고 말았다. 정말 아찔했다. 다행히 크게 다친 사람은 없었지만 하마터면 큰 사고로 이어질 수도 있는 실수였다. 무서웠다. 유리창이 깨지자 정신이 번쩍 들었다. '그까짓 것 하면 그만'이라고 쉽게 생각하고 있었던 우리에게 날리는 경고 메시지 같았다. 마냥 분리하고 그냥 빼내어서 버리기만 하면 될 것이라고, 빨리 철거해 버리자고 간단히 생각한 잘못이었다.

우리는 전문가가 아니다. 전문적인 지식이 없는 우리가 직접 하는 일이었기 때문에 더더욱 신중하고 조심스럽고 체계적으로 해야 한다는 걸 깨달았다. 어림짐작으로 '이렇게, 저렇게 하면 되겠지?'라는 안일한 생각은 접기로 했다. 아는 작업이라도 한 번 더 확인하고, 위험한 작업은 신중하고 또 신중하게, 집중력이 떨어질 때는 충분히 휴식을 가진 후에 작업하기로 했다. 어느 곳에서 날카로운 못이 나올지, 부서지거나 무너져 다칠지도 모르는 철거 작업은 더더욱 조심스럽게 하나하나 천천히 단계를 밟으며 해야 한다.

우리가 사용하기로 한 두 방은 할머니와 오빠가 사용하던 가구들과 생활용품들이 그대로 남겨져 있었다. 그 방을 비우는 것 역시 철거 작업에 속하는 일이었다. 할머니 방의 장롱은 원래 내가 쓰던 방으로 옮겨야 했고 화장대나 텔레비전 선반은 버리기로 했다. 오빠가 쓰던 방에는 큰 붙박이장이 있었는데 하나하나 나사를 풀고 해체해 수거가 편한 상태로 놔두었다.

철거 과정에서 발생한 많은 쓰레기들은 어떻게 처리해야 할까? 처음에는 인터넷에서 '헌옷 수거 업체'라고 검색해 찾아본 업체에 일일이 전화를 걸어 견적을 내 보았다. 조사하느라 생각보다 많은 시간이 걸렸고, 받아든 견적 또한 만만치 않은 금액이었다. 내가 추천하는 팁은 인테리어 관련 자료를 얻을 수 있는 온라인 카페에 가입을 한 후 그곳에 글을 남기는 것이다. 카페에 수거 지역과 철거물의 사진을 올리며 철거 비용을 문의하면 여러 업체에서 쪽지가 많이 와 그중에서 가격을 비교해 고를 수 있다.

철거를 마치고 아무것도 없는 무(無)의 상태로 만들었다면 이제 기초 작업을 탄탄히 해 나갈 때이다. 기초 작업의 시작은 자신이 살아갈 집을 가장 자세히 들여다 볼 수 있으면서, 가장 중요한 작업 중의 하나인 '치수 측정'이다.

오래된 집의 경우 천장이 조금 내려앉았을 수도 있고 부식이나 망가진 부분에 따라 예상과 달리 오차가 있을 수 있다. 그렇기 때문에 좀 더 꼼꼼하고 섬세하게 치수 측정을 해야 한다. 인테리어를 직접 하기로 한 이상 단순히 벽면의 가로, 세로, 높이만이 아니라 미세한 틈, 몰딩(*moulding,* 천장판, 내장판 등의 이음매를 보이지 않게 하기 위해서 사용하는 띠 모양의 부재)이 있다면 몰딩의 두께와 특정 부분에 튀어나온 게 있지 않은지도 살펴야 한다. 베란다 바깥쪽의 새시(*sash,* 철, 알루미늄 등을 재료로 해 만든 창의 틀로 보통 샷시라고 부르기도 한다.) 위로 벽면이 어느 정도 자리 잡고 있는지, 새시의 양 옆으로는 벽면이 얼마나 남아 있는지 등 한 걸음 한 걸음 걸으며, 빠진 곳은 없는지, 눈으로, 손으로, 측정했다.

큰 인테리어 공사를 하는 게 아니더라도 자신의 방이나 작업실을 꾸밀 때도 꼼꼼하게 치수를 측정해야 한다. 내 방을 꾸밀 때 친구가 쓰지 않는 빨간 소파를 얻은 적이 있다. 방의 베란다 문 앞으로 소파를 놔두니 나쁘지 않은 것 같았다. 그리고 그 옆으로 선반을 하나 놔두고 싶다고 생각했다. 어림잡아 '이 정도는 되겠지?', '뭐, 괜찮겠지?' 하며

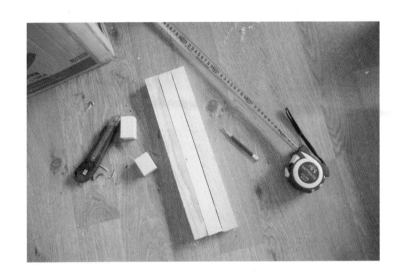

하얀 선반을 사왔고, 그 결과는 실패. 베란다로 나갈 틈이 없었다. 대충하고 넘어가 버린 잘못이었다. 그 후 작은 줄자를 하나 샀다. 공간에 가구를 들여 놓을 때, 작은 소품 가구를 살 때 줄자로 상세 사이즈를 반드시 체크하는 습관을 들였다.

방 구조의 실측을 재는 작업을 끝낸 후, 본격적으로 어떻게 인테리어를 할지 구상했다. 제한적인 공간을 나누고 분리해서 각기 다른 쓸모의 공간을 만들어야 했다. 모든 걸 직접 해야 했기 때문에 위치와 크기 설계까지 서두르지 않고 계획했다.

공사를 잘 해내기 위한 과정 중 자료 수집은 가장 고민되고 시간이 걸리는 작업이다. 우리는 전문가가 아니다. 생전 처음 해야 하는 작업들에 앞서 어떻게, 어떤 순서로 작업해야 하는지 많은 공부를 해야 했다. 여러 정보들을 찾고 비교해 보며 수집했다.

일단 우리에게 필요한 공사의 목록을 정리했다. 가벽 설치, 문 설치, 붙박이장 만들기, 단열재 만들기. 그중에서 어떻게 해야 할지 방법을 모르는 것부터 검색했다. 찾아보면 '누가 누가 더 잘 설명했나'를 겨뤄도 될 만큼 정보가 쏟아져 나온다. 생각보다 정말 많은 사람들이 직접 자신의 손으로 심혈을 기울여 인테리어를 하고 있음을 알 수 있다.

우리의 인테리어 작업에서 가장 걱정이 된 것은 '가벽 설치'였다. 가벽이란 목공 작업을 통해 원하는 부분에 벽을 만드는 일을 말한다. 이는 우리가 계획한 인테리어 공사 과정에서 첫 번째 작업으로, 가벽으로 작은방의 베란다를 둘러야 했다. 가벽을 통해 베란다까지 공간을 확장해 방을 더 넓게 사용하고, 베란다 바깥의 냉기를 잡기 위해서였다. 베란다 확장 외에도 작은방과 화장실을 하나의 공간으로 만들기 위해, 부모님과의 공동생활 영역으로부터 분리되기 위해 가벽을 세우고 문을 달았다. 이중창 대신 창문을 만들고 화장실과 작은방을 한 공간으로 만드는 과정에 꼭 필요한 작업. 생전 처음 해 보는 작업이기에 인터넷에 검색해서 자료를 찾고 남편이 공부한 목공 학원에도 물어보며 정보를 수집했다. 그러면서 점점 작업 진행 과정의 맥락을 잡고,

우리는 전문가가 아니다.
틈틈이 여러 정보를 찾고 비교해 보며 수집했다.

'할 수 있을까' 우려했던 걱정이 조금씩 사라졌다. 많은 도움을 얻은 인터넷 정보들을 살펴보면, 대부분 우리처럼 비전문가들이 직접 경험하고 작성한 경우가 많았다. 그들처럼, 우리도 할 수 있을 거라는 용기를 얻었다.

자료 수집은 우리가 하고자 하는 많은 인테리어의 과정마다 수시로 필요했다. 방 인테리어뿐만이 아니라, 화장실의 세면대를 교체하는 작업, 붙박이장을 만드는 법을 찾았고 겨울에 베란다의 냉기를 잡아줄 단열에 대한 정보도 놓치지 않고 충분히 공부했다. 단적인 예로, 벽에 선반을 하나 달더라도 무작정 벽에 못부터 박을 수는 없는 노릇이었다. 망치로 못을 박는 방법이 아닌 다른 방법은 없는지 또는 벽을 뚫지 않고 선반을 달 수 있는 방법은 없는 것인지 알아보고 찾아봐야 한다. 단지 방문의 색만 바꾼다고 하더라도 재료와 작업 순서에 대한 자료를 찾아보고 충분히 정리, 숙지하고 있어야 한다. 사소한 부분이라도 리스트로 정리해 놓고 관련 자료를 충분히 수집해 두어야 한다. 생소하고 어려우면서 지겨운 작업일지라도 말이다.

◇ 자료 수집을 바탕으로 공구, 재료 체크 ◇

공간의 구조와 인테리어의 윤곽을 잡고 자료 수집을 하면서 필요한 공구나 재료를 체크하는 것도 놓치면 안 된다. 재료와 공구는 인테리어 시공 비용에서도 가장 큰 부분을 차지하기 때문에 무엇보다 꼼꼼하게 체크할 필요가 있다. 필요한 재료들은 생각나는 대로 틈틈이 중간중간에 메모를 해두어야 한다. 그리고 공구의 필요성과 중요도, 가격과 기능 또한 비교해 두면 좋다. 생소한 공구들 앞에서 과연 초보자도 쉽게 다룰 수 있을지 고민하다 지레 겁을 먹고 셀프 인테리어 자체를 포기하는 경우가 많다. 하지만 생소함과 두려움을 이겨내고 시도하면 무한한 세계를 만들어 갈 수 있다.

어느 날 친한 언니가 사진을 하나 보내왔다. 직접 만든 가구라고 해서 보내준 사진이었는데 나도 남편도 굉장히 놀랐다. 어떻게 이걸 직접 다 만들었냐고 물으니 언니가 대답했다. "내가 원하는 디자인이 있

나는 그냥 천천히 갈게요

사소한 부분이라도 리스트로 정리해 놓고
관련 자료를 충분히 수집해 두어야 한다.

는데 주문 제작하면 비싸잖아, 인터넷에 알아보니까 주문 맡기는 것보다 반은 절약할 수 있겠던데? 앞으로 내가 만들고 싶은 건 직접 만들려고! 그래서 공구도 샀어!" 목공을 배워본 적도 없는 사람이 인터넷에서 정보를 얻고 필요한 공구를 알아보고 색을 골라 나무에 칠하고 직접 디자인한 가구를 만들었다. 조금은 어설프더라도 세상에 하나뿐인 그 화장대가 너무 근사해 보였다. 할 수 있다. 누구나 할 수 있는 일이 목공 작업이다.

우리의 신혼방의 작업 90%도 목공 작업이었다고 말할 정도로, 하고자 한다면 얼마든지 공구와 목공 재료로 원하는 가구와 공간을 만들 수 있다. 너무 어렵게 생각하면 겁부터 나니 실내 인테리어의 목공 작업까지는 아니더라도 원하는 가구를 직접 만드는 정도로 목공의 세계에 첫 발을 떼 보는 것은 어떨까? 혹은 마음에 드는 선반을 직접 벽에 다는 것부터 시작해 보는 것은 어떨까? 그렇게 할 수 있는 것부터 하나씩 하다 보면 점점 혼자 할 수 있는 인테리어의 기술이 늘어나는 것을 느낄 수 있을 것이다. 이를 도와줄 긴요한 공구들과 재료를 체크해 보자.

: 공구 부분

드릴(drill, 해머 드릴 hammer drill) | 인테리어 작업에서 가장 기본적으로 필요한 공구가 아닐까 싶다. 벽에 선반을 달아야 할 때, 가구를 조립할 때, 벽에 구멍을 뚫어 벽 선반, 가구, 액자 등을 벽에 걸 수 있도록 구멍을 뚫고 나사를 편리하게 조일 수 있는

공구이다. 구매하기 망설여진다면 아파트 관리 사무소에서 빌려주는 경우도 있다고 하니 문의해 보자.

톱 | 각재나 나무 등을 자를 때 필요한 공구이다. 완벽한 전문가가 아닌 이상 목공 작업을 하다 보면 예기치 못하게 재단한 나무 치수가 틀어지는 경우가 있는데 그럴 때 사용하면 된다. 신

혼방 인테리어 시 보강대의 작업을 전부 각재로 만들었는데 작업의 80%에 해당하는 각재 톱질을 여자인 내가 했을 정도로 다루기 쉬운 공구이다. 단, 언제나 안전에 유의해야 한다.

수평자 | 수평자는 벽 선반을 설치할 때 가장 많이 사용한 공구이다. 선반이 수평으로 바르게 위치했는지 확인하는 용도이다. 사물을 바닥과 수평이 되도록 맞추는 데도 사용할 수 있다. 요즘은 수평자 기능을 갖춘 핸드폰 어플도 있다.

태커(tacker, 콘크리트 태커/나무 태커) | 콘크리트 태커는 위의 공구들보다 좀 더 전문적인 기술을 필요로 하는 공구이기는 하나, 사용 방법을 알면 작업 시간이 단축되고 작업을 쉽게 할 수 있어 유용한 공구이다. 각재를 벽에 고정 시킬 때 일일이 해머 드릴을 사용하지 않고 콘크리트용 태커를 에어 컴프레서(*air compressor*, 기계에 바람을 저장한 후 바람의 압력을 이용해 태커나 에어 건air gun 등에 연결시켜 필요한 작업에 사용할 수 있게 도와주는 기계)에 결합시켜 쉽게 각재나 나무 판재 등을 콘크리트 벽에 고정할 수 있는 공구이다. 해머 드릴을 사용할 때보다 간단하면서 소음이 적어 효율적이다. 나무 태커는 같은 원리로, 나무나 각재, 합판 등을 조립할 때 드릴을 사용하지 않고 쉽게 고정할 수 있는 공구이다.

샌더(sander) | 나무의 평평하지 않은 면을 평평하게 만들어 줄 때 사포를 샌더에 부착해 사용하면 된다. 목공 작업을 끝낸 후 구멍이나 틈 사이에 핸디코트를 발라 준 후 나타나는 울퉁불퉁한 면을 매끄럽게 하는 데에도 사용할 수 있다. 앞으로 목공 작업을

지속적으로 할 계획이라면 사두면 좋은 공구지만, 기계의 구입 및 사용이 부담스럽다면 직접 손으로 사포를 사용해 작업해도 괜찮다.

: 재료 부분

페인트(paint, 오일 스테인 oil stain) | 많은 사람들이 나무 가구들의 색이 본래 나무의 색일 것이라고 생각하지만 일반적으로 구하기 쉬운 목재인 삼나무, 레드 파인(*red pine*) 등은 뽀얗고 아주 밝은 베이지색이다. 그 나무들에 색을 입혀야 고급스러운 베이지색이 깊은 브라운색으로 변한다. 이 작업을 위해 필요한 것이 목재 오일 스테인이다. 나무 위로 오일 스테인을 발라 주면 색이 올라오고 시간이 지날수록 나무에 더 깊숙이 스며들어 깊은 나무의 색이 나타난다. 만약 화이트색이나 핑크색 등 유채색의 가구를 만들고 싶으면 가구용 페인트를 칠하면 된다. 페인트는 가구 페인트뿐만 아니라 벽면용 페인트도 있기 때문에 목적과 기호에 맞게 선택해 사용하면 된다.

핸디코트(handycoat) | 핸디코트는 쉽게 말하면 마감재로 사용하는 재료이다. 빠데, 퍼티(*pate*) 작업이라고도 부르는데, 틈이나 구멍 부분을 막기 위해 핸디코트를 발라 준다. 예를 들어, 석고 보드로 벽을 만들었을 때 석고 보드 사이의 틈을 평평하게 메꾸거나 못 자국을 메꿔 주는 역할을 한다. 요즘은 메꾸는 용도 이외에도 벽면에 손으로 발라서 일부러 거친 느낌의 노출 인테리어를 표현해 주기도 한다. 사용 후 하루 정도 충분히 건조해야 한다.

우리 작업의 경우 베란다에 뼈대들을 설치하고 안쪽 단열 작업까지 마친 후 마지막으로 벽을 대는 작업을 했다. 각목 뼈대에 맞는 부분을 따라 퍼즐을 맞추듯 총 20장의 석고 보드를 자르고 태커로 고정시켜 주며 벽을 만들었다. 여러 개로 나누어진 석고 보드로 벽 작업을 하다 보니 아무래도 사이에 틈이나 구멍이 생기기 마련이었다. 그럴 때한 것이 핸디코트 작업이다. 24시간 정도 완전히 건조시킨 후 시멘트 벽 표면과 같은 느낌을 만들어 주었다. 핸디코트의 작업이 끝난 후에는 공구 부분에 설명했던 샌더 혹은 사포로 갈아 주는 샌딩 작업을 해주어야 한다. 사람이 손으로 하는 작업이기 때문에 표면이 고르지 않

나는 그냥 천천히 갈게요

을 것이며 일부러 거친 표면을 표현하고자 했던 것이 아니면 지저분해 보일 수 있기 때문에 꼭 샌딩 작업을 해 주어야 한다. 우리 역시 거친 벽의 느낌을 원하지 않았기 때문에 샌딩 작업을 해 주었다. 샌딩 작업 시 핸디코트로부터 나오는 가루가 엄청나다는 것을 유의해야 한다. 이왕이면 처음부터 핸디코트 작업을 정성 들여 하여 샌딩 작업의 폭을 줄이는 것이 좋다.

실리콘(silicon) | 셀프 인테리어의 마지막은 실리콘! 여기 저기 어설픈 곳, 틈이 있는 곳, 깨끗해 보이지 않는 모서리 부분을 깔끔하게 정리해 주는 작업이다. 또한 누수나 벌레가 들어오

는 것을 막아주므로 마지막에 반드시 필요한 재료이다.

필요한 공구, 재료 점검과 자료 수집이 끝나면 작업 순서와 스케줄을 정해 본격 공사에 돌입하는 일만 남는다. 우리의 경우 직접 모든 공사를 하는 만큼 스케줄을 어떻게 나눠서 작업해야 할지 고민도 많았고 길어질지 모르는 공사에 대한 걱정도 앞섰다. 빈 공간에 공사를 하는 것이 아니라 이미 살고 있는 곳에서 공사를 해야 했기 때문에 생활 영역에 최대한 공사로 인한 불편함이 침범하지 않도록 하는 일도 중요했다.

우선 가장 시간이 많이 드는 작은방, 침실부터 공사를 시작하기로 했다. 어느 공간을 먼저 손댈지 정하고, 그 안에 필요한 작업들을 세분화해 순서를 정해야 한다. 우리는 시간을 쪼개서 긴 공사 계획을 세웠다. 달력을 놓고 쉬는 날들을 체크해 가며 소음이 큰 작업과 소음이 거의 없는 공사들을 분류했다. 1층 아파트 단지 게시판에 양해의 안내 글도 붙였다. 마침내 공사의 시작을 앞두고 있었다.

힘들지만 때론 영화 같은,
머릿속 공간을 실현한다는 것

부부가 살아가기에 가장 기본적으로 필요한 공간은 잠을 자는 곳과 놀 수 있는 곳일 것이다. 이것을 기준으로 주어진 상황에서 실행할 수 있는 것과 아닌 것들에 대해 다시 한 번 정리했다. 방 두 개 중 큰방은 우리만의 영화관, 거실, 작은 부엌이 있는 거실방이 될 예정이었다. 이 모든 기능이 하나의 방에 있으면서도 좁아 보이지는 않고, 실용적으로 활용이 가능한 공간을 만들어야 했다. 큰방은 사각형으로 단순한 구조였던 만큼 여러 가지 역할이 부딪히지 않게 가구의 설계를 고민하여 결정하고 페인트만 깔끔하게 칠한다면 크게 손댈 곳이 없었다.

예전부터 상상해 왔던 나만의 부엌에는 수납장 대신 벽에 길고 두꺼운 나무 선반을 달고 그 위에 예쁜 그릇을 진열해 놓고 싶었다. 부엌의 벽도 나의 취향에 맞는 타일로 꾸미고 싶었다. 그 로망을 작은 부엌에 실현하기로 했다. 비록 제대로 된 부엌이 아닌 작은 부엌이었기 때문에 작은 나무 선반을 달고, 타일 대신 타일 스티커로 대체하긴 했지만 그럴 듯한 부엌의 형태를 갖추었다.

작은 공간이다 보니 부엌과 소파 그리고 책상을 하나의 가구처럼 연결해 보면 어떨까라는 생각을 했다. 여러 가구를 들여 놓으면 자칫 조잡해 보일지도 몰랐다. 작은 부엌과 책상을 양쪽으로 두고 가운데에 결혼하기 전에 쓰던 싱글 침대를 놓아 소파 베드로 사용하기로 했다. 맞은편에는 텔레비전과 간단한 간식거리나 남편이 좋아하는 맥주를 넣을 수 있는 냉장고를 두기로 했다. 없는 것 빼고 다 있는 우리만의 거실 설계가 끝났다. 설계를 행하는 것도 크게 어렵지 않았다. 문제는 작은방, 우리의 침실이었다.

침실 사진을 인스타그램에 올린 후 댓글이나 다이렉트 메시지로 "침대 프레임이 어디건가요?", "어떻게 매트리스가 바닥보다 아래로 내려가 있나요?"라는 질문을 많이 받았다. '침대 프레임은 따로 없으며, 아래로 뚫린 바닥으로 매트리스를 내린 것이 아니라, 다른 쪽 바닥면을 올렸다'라고 답을 했다. 사실 그대로 이야기했지만 이해가 안 간다는 사람도 있었고, 어떻게 했냐는 또 다른 질문을 받기도 했다.

침실을 어떻게 꾸밀지 구성할 때 우리가 가장 원했던 것은 매트리스 주변으로 사방이 다 막혀 있는 것이었다. 사방으로 굴러다니는 요란스러운 잠버릇을 가진 남편과 벽 구석에 딱 붙어 자는 것을 좋아하는 나의 취향이 반영된 바람이었다. 누군가는 '관(棺) 같다'고 말하기도 하고, 불편하겠다고도 했지만 우리에게는 최적화된 안정감 있는 잠자리였다. 그리고 이러한 잠자리가 침실 꾸미기의 시작이었다. '매트리스를 바닥에 두고 사면이 막혀 있는 침대 프레임을 제작할까'가 처음 우리의 생각이었다. 하지만 침대 프레임을 만들고 드레스룸 대신인 옷장을 따로 두게 되면 옷장 문이 열리다 침대 프레임에 부딪치게 될지도 몰랐다.

침실로 사용할 작은방을 넓게 활용하기 위해서는 베란다를 확장하는 방법밖에 없었다. 신혼방이 있는 부모님 집 부엌의 베란다를 확장

로망과 현실 사이에서
세상 하나뿐인
작은 부엌을 만들었다.

했고, 훨씬 넓어 보이는 공간을 눈으로 직접 확인했던 만큼 '베란다 확장'이라는 방식이 자연스럽게 흘러 나왔다. 단열 이중창을 만들고 베란다와 방을 잇는 중간 경계선의 바닥면을 평평하게 만드는 공사 방법이 제일 먼저 떠올랐다. 일반적으로 베란다를 확장하는 데 많이 사용되는 시공법이다. 하지만 전문 시공 업자의 도움을 받지 않으면 불가능한 일이었다. 인테리어 시공을 쭉 해 오신 시아버지께 부탁드리면 수월하게 진행할 수 있었다. 아버님께 양해를 구하고 공사 날짜를 정하고, 대략적인 견적을 논의하는 중이었다. 진행을 앞두고 문득 멈춰 섰다. 갑자기 '꼭 그렇게 해야만 할까?'라는 생각이 들었다.

아무리 좋았던 영화라고 하더라도 똑같은 영화를 영화관에서 두 번 보는 일은 나에게 흔한 일은 아니다. 하지만 영화 〈리틀 포레스트〉*(Little Forest*, 2018)는 기꺼이 영화관에서 두 번 관람했고, 세 번을 관람하게 되더라도 아깝지 않았을 영화였다. 처음에는 남편과, 두 번째는 부모님과 함께 보았다. 일상에 지친 주인공 혜원이 고향에서 사계절을 보내며 제철 재료들로 음식을 해 먹고 시간을 보내며 '집', '고향'에서 자신을 찾아가는 모습이 인상 깊었다. 혜원이 더운 여름날 고향 집 마루에 앉아 젖은 머리를 수건으로 동여 올려 묶고 선풍기 앞에서 콩국수를 먹던 장면, 부엌의 작은 창문 너머로 재하를 보며 웃고 떠들던 혜원과 은숙의 장면이 떠올랐다. 내가 생각하는 '집과 공간'에 대한 의미를 가장 잘 보여준 영화였다.

내가 오랫동안 살아왔고 우리가 함께 처음 시작하기로 한 이 집은 아파트이지만 사계절을 느끼기에 충분한 곳이다. 봄에는 베란다 앞

우리 부부의 잠버릇에 어울리는 잠자리를 만들었다.

큰 벚꽃 나무에서 꽃이 눈처럼 떨어지는 풍경을 볼 수 있고 여름에는 녹음이 지고 아침잠을 깨우는 매미 소리가 시끄러운, 가을에는 나뭇잎이 물들어 가는, 겨울에는 앙상한 나무 위로 눈이 가득 쌓이는, 시골 풍경만큼은 아니지만 나름대로 사계절을 즐길 수 있는 곳이다. 소박하지만 그 작은 풍경이 주는 사계절을 조금 더 가까이에서 온전히 즐기고 싶었다. 베란다 새시가 아닌 창문을 만들어 보면 어떨까 생각했다. 창문 옆에 쭈그려 앉아 비가 오는 하루를, 가을이 오는 어느 날을 지켜보는 상상을 했다. 겨울에는 코다츠(こたつ, 나무로 만든 밥상에 이불이나 담요 등을 덮은 온열기구)를 사서 눈이 내리는 모습을 보며 따뜻한 차 한 잔 마시면 좋겠다는 상상까지 해 버렸다. 남편에게 설명을 하며 물어 보니 못할 이유는 없다고 일단 설계부터 해 보자고 했다. 꼭 시골집에만 나무로 된 창문이 있어야 할 이유는 없으니까, 아파트라고 작은 창문으로 밖을 보지 말라는 법은 없으니까.

우리만의 리틀 포레스트를 만들자는 마음과 매트리스 사방이 막힌 잠자리를 향한 바람이 만나, 아파트 구조에서는 볼 수 없는 격자 창문과 마루가 탄생했다. '매트리스를 중심으로 바닥을 한 번 더 올려 마루를 만든다면? 베란다까지 그 마루가 이어지는 거지. 마룻바닥 아래로 수납공간과 뚜껑을 만들어서, 그 안에는 계절 옷을 보관하는 거야! 그 위로 옷장을 만들고, 베란다로 이어진 마루 위에 내 화장대를 두고. 화장대는 눈에 보이면 엄청 지저분해 보이니까 가릴 수도 있고, 파우더룸에 있는 기분이 들지 않을까?' 마루를 올린 모습을 상상해 보니 침대 프레임과 옷장이 부딪힐 염려도 없었다. 결과는 성공적이었지만 값비싼 수고를 겪기는 했다.

우리가 만들기로 한 마루는 기존 바닥에서 약 50cm정도 올라오는 높이였다. 수납의 공간으로도 충분했고 단열의 공간으로도 충분했다. 마루는 적어도 나와 남편 둘이 올라서야 했기 때문에 당연히 튼튼해야 했다. 그렇기 때문에 보강 나무를 튼튼히 해 주어야 한다는 사실을 바탕으로 설계를 했다. 베란다와 방을 잇는 중간 새시를 없애는 동시에 그것을 기준으로 방과 베란다로 나누어진 공간에서 방의 마루 부분은 수납공간으로 사용하기로 했고, 베란다 바닥 마루 부분은 겨울의 냉기를 잡기 위해 단열에만 신경 쓰기로 했다. 베란다 문턱을 중심으로 나무를 세워 베란다 쪽에서 내려오는 찬기를 막으면서 수납공간을 분리했다.

마루를 올리는 작업도, 창문을 만들기 위해 벽을 세우는 작업도 전부 나무 보강대의 역할이 아주 크다. 나무 보강대는 가로세로 5～10cm정도 두께의 각목을 재단하여 골조를 세우는 작업을 말한다. 골조의 사이사이에 단열재로 가장 많이 쓰이면서 철물점에서 쉽게 구입이 가능한 아이소핑크(압출발포폴리스티엔 단열재)를 넣어 단열 효과를 높여 주었다. 보강대 작업을 끝내고 그 위로 벽이 되어 주는 석고 보드를 붙이고 마룻바닥에는 원목 나무를 올려 주니 그럴싸한 모습을 갖추게 되었다.

배란다 새시가 아닌 창문 옆에 쭈그려 앉아
비가 오는 하루를, 가을이 오는 어느 날을 지켜보는 상상을 했다.

공간에 무게감을 주려면,
목공 테트리스

우리의 목공 작업은 인테리어 작업의 90% 이상을 차지했다. 가장 힘들었지만 가장 큰 성취감을 주는 일이기도 했다. 한 공간이 변화하는 과정을 직접 만들고 보면서 앞으로 그 공간을 어떻게 꾸미면 예쁠지, 어떤 가구를 두면 좋을지 이미지를 상상하는 것도 매력이 있었다. 무언가로 채우기 전의 공간을 스스로 만들어 간다는 것은 꽤 즐거운 일이었다.

예전 방 꾸미는 일에 한창 빠져 있을 무렵에는 이케아를 일주일에 두 번씩 가기도 했다. 큰 가구는 살 수 없었지만 작은 화분이라도 사는 즐거움이 있었고, 예쁘게 꾸며진 쇼룸을 보며 내 방에 놓으면 어떨지 상상해 보는 것도 즐거웠다. 많은 가구들이 부담 없는 가격이었고, 조립하기에도 간단했다. 쇼룸이 예뻤기 때문에 그 안에 있는 물건들을 하나씩 모으다 보면 내 방도 그런 쇼룸처럼 예뻐질 것 같았다. 하지만 예쁜지 여부는 둘째치더라도 뭔가 부족한 느낌이 들었다.

무게감. 우리집이라는, 내 방이라는 공간이 주는 무게감이 느껴지지 않았다. 조립은 간단했으나 완벽하게 조립하지 않은 탓인지 가구들이 튼튼하지 못하고 고장이 났기 때문일 수도 있지만 그렇게 가꾼 내 방에 대한 애정은 그리 오래가지 않았다. 내가 원하는 디자인, 이왕이면 원목의 나무로 만들어진 가구는 시중에 없었다. 당시 남자친구였던 남편에게 목공을 배워 보라고 권유한 것도 이 작은 생각에서 비롯되었다. 그 작은 시도가 이제는 큰 공간을 만드는 기반이 되었다.

목공 작업은 대공사였다. 실측 후에 제작을 했더라도 막상 실제로 맞춰 보니 맞지 않는 등 변수가 많았다. 전문가가 아니기 때문에 당연히 겪어야 할 과정이었다. 수많은 실수와 실패가 있었지만 결코 헛되지 않았다. 그 과정을 통해서 또 하나를 배우고 조금 더 성장할 수 있었다. 목공 작업은 큰 작업이지만 분명 재미있는 것이기도 하다. 어렸을 적 블록으로 빈 공간을 딱딱 맞춰 가던 테트리스 게임처럼 목공 작업도 게임처럼 즐겁게 임할 수 있다. 아래와 같은 과정들을 거친다면 게임보다 더 재밌는 작업을 할 수 있다. 목공 테트리스 과정을 무사히 마친다면 인테리어의 반은 지나간다.

◇ 재단 맡기기 ◇

요즘처럼 DIY가 보편화되어 있는 시대에는 인터넷에서 누구나 쉽게 목재를 살 수 있다. 인터넷에 '나무 재단', '목재 재단'이라고만 검색해 봐도 많은 업체들이 직접 가구를 만들고 싶어 하는 사람들을 위해 나무를 재단해 보내 주고 있다. 우리의 신혼방에 있는 긴 선반에 대해 궁금해 하는 사람들이 매우 많았다. 심지어 소품 가게 슬로우어를 통해 판매를 해달라고 여러 번 요청받기도 했다. 하지만 우리 신혼방의 대부분 선반들은 우리가 직접 한 것이 아니라 인터넷을 통해 알게 된 업체를 통해 제작했다. 인터넷의 많은 업체들 중

재단을 맡겨 받은 선반을 침대 옆 벽에 달아 주었다.

에서 한 군데를 골라 가로, 세로 사이즈를 알려주고 재단을 맡기면 자신이 원하는 선반을 받을 수 있다. 선반을 벽에 지지해 주는 꺽쇠는 문고리닷컴(*www.moongori.com*)이나 손잡이닷컴(*www.sonjabee.com*)에서 구매할 수 있고, 이를 이용해 선반을 설치하면 아주 간단히 자신만의 선반을 만들 수 있다.

다만 재단을 맡기기 전에 반드시, 꼭, 치수를 여러 번 확인해야 한다는 것을 명심, 또 명심해야 한다. 그리고 이왕이면 필요한 모든 목재를 한번에 의뢰하고 맡기고 배송 받을 수 있도록 작업해야 배송비를 줄일 수 있다. 재단된 목재를 받으면 자신이 의뢰한 대로 맞게 재단되어 왔는지 확인하는 작업도 잊지 말고 해야 한다.

어떤 나무를 쓰느냐에 따라 분위기도, 관리 방법도 달라지겠지만, 전문가가 아닌 이상 많은 것을 따져 가며 작업하긴 힘들 것이다. 다행히 전문적으로 나무를 다루지 않는 일반 사람들이 선택할 수 있는 나무의 종류들이 몇 가지 있다.

삼나무 | 가격이 가장 저렴하고 피톤치드(*Phytoncide*, 식물들이 만들어 내는 살균성을 가진 모든 물질을 통틀어 지칭하는 말) 효과가 있다. 초보자들이 쉽게 사용할 수 있으나 가격이 저렴한 만큼 나무가 무르다는 단점이 있다.

레드파인(red pine) | 삼나무보다 단단하고 나무의 무늬와 색상이 선명해 원목의 느낌을 가장 잘 나타내는 목재이다. 가구나 인테리어 DIY 재료로 가장 많이 쓰이는 나무이다.

스프러스(spruce) | 묵직한 느낌의 나무로, 옹이

가 예쁘다. 색을 입혔을 때 색 흡수가 좋은 나무이다.

실제로 재단을 해 주는 사이트에서도 이 나무들 중 하나를 고르게 되는 경우가 많다. 크고 작은 가구들이나 마루, 테이블로 직접 사용하고 있는 결과, 목재는 부담 없이 사용하기 좋고, 그 자체만으로도 예뻐 만족도가 높다.

◇ 조립하기 ◇

재단된 목재들이 준비되었다면 이제 테트리스를 하듯이 맞춰 넣으면 된다. 우리의 경우 제일 먼저 베란다 새시 대신 창문을 만들기 위해 각목들로 뼈대를 설치하는 작업부터 시작했다. 만반의 준비를 했다고 생각했지만 처음 하는 일이라 역시 쉽지 않았고 이 과정에서 우리는 큰 실수를 했다. 각목으로 벽이 되는 구조물을 세울 때 틈틈이 치수를 재고, 대칭인지 확인해 가며 설치를 해야 하는 작업을 놓치고 만 것이다. 각목으로 만든 뼈대 위로 석고 보드를 올릴 때, 뼈대 작업을 소홀히 한 탓에 베란다 안쪽의 벽면에 비대칭인 부분이 생겨 버렸다. '이 정도면 어느 정도 맞지 않을까?'라고 대충 생각하고 넘어갔지만, 그 후 선반을 설치하면서 선반과 벽 사이에 틈이 생기고야 말았다. 목공 작업은 몸이 힘든 것은 당연하고 생각보다 정신적으로 매우 힘든 작업이다. 무거운 나무들과 씨름해야 하고 많은 치수들을 체크해야 하는 작업을 반복해야 하기 때문이다. 힘들다고 대충 했다간 어떻게든, 어디서든 티가 나기 때문에 힘들어도 꼼꼼히 작

나는 그냥 천천히 갈게요

업해야 한다.

목공 작업을 하면서 무엇이 가장 힘들었냐고 묻는다면 중간문 설치 작업이라고 말하고 싶다. 중간문은 우리 부부의 침실과 침실 옆에 있던 화장실을 하나로 만들어 주는 가벽에 설치되는 문이었다. 중간문 설치 작업은 목공 작업 중 거의 마지막이었기 때문에 그간의 작업 노하우를 바탕으로 수월하게 진행할 수 있을 것이라고 생각했다. 그간 해왔던 대로 목재로 뼈대를 세우고 방음과 단열을 보강하고 석고 보드를 대어 가벽을 만드는 것까지는 괜찮았다. 마무리 작업인 방문 설치만을 남겨 두고 있었다. 인터넷에서 찾아보고 자문도 구하면서 만든 문이었는데 막상 대보니 사이즈가 맞지 않았다. 말 그대로 '멘붕!' 이었다. 문이 열고 닫히는 틈을 고려하지 않은 치수 측정의 실패로 인한 실수였다. 우리는 나무 재단기도 없었을 뿐더러 작은 나무 조각도 아니고 엄연한 문 형태인 이 나무를 다시 재단소에 보냈다가 받는 것도 무리였다. 우리는 결국 대패로 나무를 깎아 내기로 했다. 그날 저녁 온 가족이 문과 대패에 매달려 씨름했다. 대패로 밀고 깎고 다시 사이즈가 맞는지 대보고 또 대패로 밀고 깎는 작업을 수없이 반복한 끝에 겨우 가벽에 맞는 문 크기로 줄일 수 있었다.

목공 작업을 하는 몇 달은 먼지 속에 살았던 것 같다. 퇴근한 후에, 틈틈이 주말을 반납하고 계속 공사를 했다. 설치한 문이 잘 열리지 않아서 그 문을 맞추느라 밤을 새기도 하고 처음 해 보는 생소한 작업들 앞에서 머리를 맞대고 고민하는 시간을 보냈다. 분명 힘든 작업이긴 하지만 건축 과정에서나 혹은 전문가가 있어야만 할 수 있을 것 같았던 공간을 기획하고 만드는 일을 직접 할 수 있는 작업이기에 충분히 매력 있고 가치 있는 일이라고 자부할 수 있다.

나는 그냥 천천히 갈게요

세상에 하나뿐인 방의 시작이자 끝,
색 고르기

'블레미시 밤(Blemish Balm)'이라고도 불리는 비비 크림은 얼굴의 잡티를 가려 피부톤을 정리해 주는 화장품이다. 화장의 기본 단계라고도 할 수 있다. 우리가 사는 공간에도 앞으로 들어올 가구와 소품들과 잘 어울리는 환경을 만들어 주기 위해 비비 크림을 발라줄 필요가 있다. 페인트칠 혹은 도배 작업을 통해서 말이다. 개인적으로 벽의 색을 정하기 전에 들어올 가구나 소품들의 취향을 먼저 정하고 시작하는 것을 매우 중요하게 여긴다.

예전에 내가 쓰던 방은 핑크색 꽃무늬가 들어간 벽지로 도배되어 있었다. 이미 생활하고 있는 공간의 벽지를 바꾼다는 것은 힘들다고 판단했기에 우선 책상의 색이라도 바꾸기로 했다. 어두운 느낌의 붉은색 페인트로 칠했다. 핑크색 꽃무늬 벽지와 붉은색 책상, 말 그대로 말도 안 되는 조합이었다. 단지 예쁜 '색'을 고른 나의 실수였다. 책상의 색을 바꾼다고 해서 마음에 들지 않은 벽지가 없어지거나 바뀌는 것도 아닌데, 책상 하나만이라도 마음에 드는 색으로 바꾸면 뭐라도 달라지지 않을까 하는 안일한 생각에서 비롯된 실수였다.

끔찍한 색의 조합을 직접 만들고 목격했기 때문이었을까. 예전에 인터뷰를 하면서 인테리어 노하우에 대한 질문을 받았던 적이 있다. 곰곰이 생각하다 문득 떠올랐다. 색이었다. 아무리 비싸고 예쁜 디자인의 옷이라고 한들 어울리지 않는 색상의 구두를 신으면 그날의 코

디는 '꽝!'이듯이, 인테리어도 마찬가지라고 생각한다. 아무리 예쁜 색으로 벽을 칠해 놓는다고 한들 엉뚱한 색감의 가구가 들어오면 결국 아무 소용없다.

모든 조화의 시작은 색으로부터 시작한다. 그래서 나는 공간에 들여놓을 가구나 소품들을 미리 정하는 편이다. 그 공간에 그 물건들이 들어왔을 때의 모습을 상상한 후에, 인테리어의 마무리로 벽의 색을 정하는 과정을 거친다. 누군가에게는 시작이 될지 모르는 선택, 벽의 색이 나에게는 가장 마무리 단계인 셈이다.

신혼방을 꾸밀 때도 상상과 고민부터 시작했다. 침실에는 원목 마루를 올린다. 흔히 볼 수 있는 하얀 베란다 새시 대신 벽을 만들고, 그 벽에 격자무늬의 원목 창문을 단다. 마루와 창문은 침실에서 가장 많이 보이는 부분이 될 것이므로, 이들의 색을 먼저 정했다. 따뜻하고 아늑한 공간이 되길 바랐던 만큼 나무의 자연스러운 색감을 가장 잘 표현해 주는 오일 스테인을 바르기로 했다. 마루 위로 올라오게 될 붙박이장의 색은 아주 연한 카키 빛을 띠는 그레이색을 상상해 봤다. 그에 따라 방의 벽과 천장의 색은 엷은 빛에 가까운 아이보리색이 어울릴 것 같았다.

우리가 거실로 사용하기로 한 거실방은 작은 부엌, 거실, 작업 공간이라는 여러 기능이 한정된 공간에 들어와야 했기 때문에 자칫 잘못하면 산만할 수도 있었다. 이를 막기 위해 색을 활용한 조화로움을 적극적으로 발휘해야 했다.

결혼하기 전에 사용했던 매트리스를 소파 용도로 놔두고, 그 양쪽

나무의 색, 그레이색, 아이보리색을 중심으로 거실방을 꾸몄다.

으로 작은 부엌과 책상을 두기로 했다. 작은 부엌의 상판을 받칠 부분과 매트리스를 올리고 수납장으로 사용할 부분은 작은 부엌에 놓일 전자 제품의 색상과 나의 취향을 고려하여 그레이색으로 골랐다. 상판은 나무 느낌을 그대로 살려 주는 색이 좋을 것 같았다.

소파를 마주 보는 곳에 텔레비전과 아이보리색의 스메그 냉장고가 들어올 터였다. 텔레비전을 올려놓는 수납장을 스메그 냉장고와 같은 색으로 만들어 주면 두 전자 제품이 하나처럼 어울릴 것 같았다. 아이보리색의 냉장고와 수납장 뒤의 벽면은 건너편 가구들에 사용된 연한 그레이색으로 칠하면 전체적으로 통일감이 있을 것 같았다. 머릿속 우리의 거실방은 그레이와 아이보리 색으로 꾸며졌다.

◇ 좋아하는 페인트 브랜드 고르기 ◇

대략적인 색을 정했다 하더라도 막상 페인트 가게에 가면 수많은 컬러칩 앞에서 혼란스럽기 마련이다. 같은 듯 미묘하게 다른 색상들 앞에서 선택을 주저하게 된다면, 골라 놓은 가구와 소품들의 색상을 떠올리는 것이 도움이 될 것이다.

인테리어를 많이 접해 보지 않은 사람에게 페인트 가게라는 존재 자체가 낯설 수 있다. 어디서 사야 할지, 어떻게 사야 할지 등 여러 질문 앞에서 시작조차 하지 못할 수도 있다. 물론 나도 처음 접했던 페인트 가게의 기억은 꽤나 강렬했다. 그때의 나도 페인트는 그냥 단순히

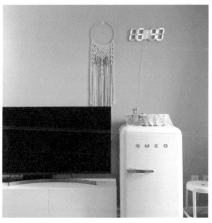

두 전자 제품이 하나처럼 어울리도록
아이보리색으로 통일감을 주었다.

'색을 칠하는 것'이라고 생각했기 때문이다. 앞서 언급했듯 아동복 쇼룸에서 일하면서 페인트에도 브랜드가 있다는 사실, 페인트를 단순히 칠하는 것이 아니라 공간을 스타일링할 수 있는 주요 요소라는 소중한 정보를 얻을 수 있었다.

페인트 색상을 고르는 것은 단순하지 않은 일이다. 선택해야 할 것들이 많기 때문이다. 많은 사람들이 페인트는 어디서 사냐고 물어보는데, 그 질문 대신 어느 브랜드를 쓰냐고 물어봐 주면 좋을 것 같다. 페인트칠을 단순히 공사의 한 부분으로 생각하지 않고, 페인트도 패션처럼 브랜드를 따지듯! 고르고 선택하길 바란다.

아동복 쇼룸을 꾸미면서 알게 된 벤자민무어 페인트를 나는 아주 오랫동안, 지금까지도 꾸준히 사용하고 있다. 중간에 한 번 타사의 페인트를 써 보기도 했지만 다시 벤자민무어 페인트를 찾게 되었다. 색상을 선택할 수 있는 폭이 굉장히 넓으면서 내가 원하는 채도가 낮은 느낌의 색을 갖고 있기 때문이다. 벤자민무어 페인트 사이트(*www. benjaminmoore.co.kr*)에서는 이렇게 회사를 소개하고 있다. '사람과 환경을 생각하는 페인트를 생각합니다. 인체에 암을 유발하는 물질을 생성하지 않는 페인트를 개발해 사람과 환경 모두를 생각하는 제품을 제공하고 있습니다.' 친환경 페인트라는 것! 벤자민무어 페인트를 고집하는 가장 큰 이유이기도 하다. 실제로도 페인트를 칠한 날 바로 일상생활을 하거나 잠을 잘 수 있다. 각자 기준에 따라 페인트 가격에 여러 생각을 할 수 있겠지만, 무엇을 취하고 버릴 것인지는 개인의 선호에 따라 결정하면 된다. 내가 가격은 비싸더라고 페인트만은 친환경으로 써야겠다고 고집하는 것처럼 어떤 부분을 우선시하고 선택하느냐는 자신에게 달려있다.

수많은 브랜드의 비비 크림 중에서 자신에게 맞는 비비 크림을 찾아 바르듯 페인트도 인테리어의 중요한 스타일링이라는 점을 잊지 말고 브랜드와 컬러를 선정해서 자신의 공간에 맞는 메이크업 베이스 색을 찾으면 좋겠다.

◇ 페인트 칠하기 ◇

자신의 공간에 알맞은 페인트를 골랐으면 이제 벽에 칠하는 일만 남았다. 나의 경우 페인트칠 경험을 따지면 일반인의 횟수보다는 분명히 많을 것이라고 장담할 수 있다. 생애 첫 페인트칠은 엄마가 운영하는 옷 가게의 내부 벽을 칠할 때였다. 처음 칠하는 만큼 페인트 가게 직원의 설명을 자세히 듣고 나름 인터넷에 '페인트 잘 칠하는 법', '페인트칠하는 법'을 검색해 얻은 지식으로 페인트를 칠했다. 일반적으로 'W를 그리며 칠하라'는 방법이 많이 알려져 있지만 막상 나에게는 썩 맞지 않는 방법이었다. W로 모양을 그린 후, 페인트칠이 되어 있지 않은 부분을 메꾸고, 칠해져 있는 부분은 한 번 더 칠하는, 일을 두 번 하는 기분이 들었다. 나중에는 내 방법대로, 내가 편한 대로, 한쪽 벽면부터 채워 나가는 페인트칠을 하게 되었다.

여러 번 페인트칠을 하고 시행착오를 겪으면서 페인트칠에서 가장 중요한 것은 방법이 아니라 도구가 아닐까라는 생각이 들었다. 페인트를 칠하는 도구에도 여러 종류가 있는데 크게 롤러와 붓으로 나눌 수 있다. 롤러에도 털로 된 롤러와 스펀지로 된 롤러가 있고 붓도 사이즈가 다양하다. 이 중에서 자신에게 가장 편하고 잘 맞는 도구를 고르는 것이 작업에 큰 영향을 끼친다. 도구에 따라 힘의 소모량이 확연히 다르기 때문이다. 페인트칠이 겉으로 보기엔 쉬워 보일지라도 막상 작업을 하다 보면 팔이 굉장히 아프다. 한 번에 끝낼 것이라는 생각은 애초에 접어 두고 적어도 2회에 걸쳐 작업한다는 각오로, 더 꼼꼼하게 작업하고 싶다면 3회 칠한다는 생각으로 작업을 하는 것이 좋다.

페인트를 칠하기 전 사전 작업도 충분히 생각하고 만반의 준비를 해 놓아야 한다. 내 방 꾸미기에 푹 빠져 꽃무늬 벽지를 도저히 참지 못하고, 방 벽을 모두 그레이색으로 바꿔야겠다고 생각했었다. 페인트 작업을 시작하기 전, 페인트가 묻으면 안 되는 바닥과 천장에 비닐테이프를 대충 붙여 놓고 페인트칠을 시작했다. 결국 하얀 천장에도, 바닥에도 페인트가 튀고 묻었다. 벽에 페인트칠하는 시간보다 그 자국을 없애느라고 더 많은 시간을 써야 했다. 그 후로 나의 페인트 작업의 시작은 무조건 꼼꼼한 비닐 테이핑 작업부터였다. 꼭! 비닐 테이핑 작업은 잊지 말아야 한다.

자신이 고른 페인트 색을 칠하기 전 꼭 해야 하는 작업이 또 하나 있다. 프라이머(*primer*)라는 작업인데, 이 과정을 화장하는 것에 비유하면 파운데이션을 바르기 전 베이스 단계라고 할 수 있다. 자신이 고른 페인트 색이 온전하게 그 색으로 잘 나올 수 있도록 프라이머라는

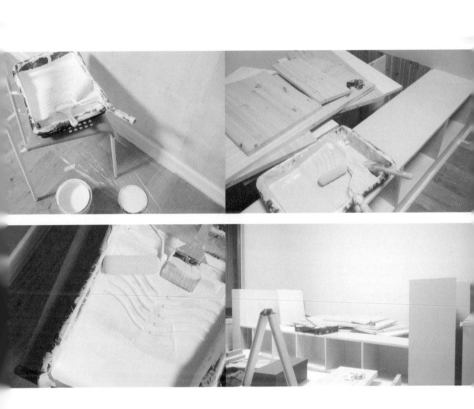

화이트색의 베이스를 칠해 주는 과정이다. 이 작업 여부에 따라 자신이 원한 색상이 깨끗하고 완벽하게 나오는지 판가름이 나기 때문에 귀찮더라도 반드시 해 주는 편이 좋다.

프라이머 작업은 가구를 칠할 때에도 적용되는 과정이다. 가구의 경우 나무 자체의 나이테나 결의 무늬가 드러나길 원한다면 나무의 깊이감을 나타내주기 좋은 오일 스테인을 발라 주는 것이 좋다. 나무의 결이나 무늬가 없이 다양한 색상의 가구를 만들고 싶다면 반드시 프라이머를 발라준 후 꼭! 가구 전용 페인트를 발라 주어야 한다.

내가 방 꾸미기에 푹 빠져 지냈을 무렵 가장 정리하기 힘들었던 것이 바로 가방이었다. 스탠드 옷걸이를 활용하여 가방을 걸어 보았지만 지저분해 보였고, 장롱에 숨겨 두자니 옷들과 뒤엉켜 버렸다. 적지 않은 이 가방들만을 보관할 수납장이 하나 있으면 좋겠다고 생각했다. 당시 남자친구였던 남편에게 처음으로 만들어 달라고 했던 수납장이 가방 수납장이었다.

시중에 판매하는 수납장을 찾아봐도 수납장 안에 칸 나눔이 없는 넉넉한 공간의 가구는 찾기 쉽지 않았다. 방의 공간을 많이 차지하지 않으면서도 인테리어 효과까지 놓치지 않는 디자인으로 내 방에 어울리는 색상의 가구를 찾기란 쉽지 않았다. 특히 그레이색으로 벽을 칠한 내 방에 어울리는 색상을 지닌 가구를 찾기란 여간 어려운 일이 아니었다. 그레이색 벽에 어울리려면 가구 또한 그레이색이거나 화이트색이어야 했다. 그렇게 색을 사용하려고 보니 깔끔하긴 했지만 차가운 느낌이 들 것 같아, 포인트로 핑크색 계열의 색을 지닌 가구를 두고

세상에 하나뿐인 핑크색 가방 수납장

싫어졌다. 하지만 내가 원하는 채도의 핑크색 가구를 찾는 일은 불가능에 가까웠다. 나의 모든 바람을 만족시키기 위해서는 역시 가구를 제작하는 수밖에 없었다.

원하는 디자인을 스케치하고 사이즈를 정해 남자친구에게 건네주었다. 그리고 내 방에 사랑스러운 분위기를 더해 줄 수 있는 페인트색으로 베이비핑크색을 골라 칠했다. 세상에 하나뿐인 나만의 가방 수납장이자 남자친구에겐 목공을 배운 후 개인적으로 만든 첫 작품이었다. 당연히 우리에게 의미가 있는 가구이다. 우리처럼 직접 디자인하고, 만들 수 없다고 지레 포기하지는 않길 바란다. 기존의 가구라도 자신의 색상을 칠하면 이 세상에 딱 하나 있는 자신의 가구가 될 수 있으니까 말이다.

나는 그냥 천천히 갈게요

이름을 불러주기 전에는…
공간의 이름 찾아주기

　　허투루 쓰일 공간을 잘 활용하는 것. 이것은 작은 공간 인테리어에서 굉장히 중요한 부분이다. 방 두 개의 공간에 우리 부부의 생활이 합쳐지면서 생긴 가장 큰 문제는 수납이었다. 작은 공간일수록 정리 정돈이 힘든 물건들이 눈에 보이면, 지저분해 보이는 것은 물론이고 안 그래도 작은 공간을 더욱 좁아 보이게 한다. 내방에서부터 매번 수납, 정리 정돈으로 고민하고 속상해했기 때문에 이번 신혼방 꾸미기에서는 제대로 해내고 싶었다. 공간이 한정되어 있다는 사실은 예전과 다름없었기 때문에 수납하는 공간으로 사용하기 애매한 공간, 의미 없이 비어 있을지 모르는 공간들을 적극 활용해 보기로 했다.

　　내가 가장 취약한 정리 정돈이 절실한 부분인 파우더룸, 신발장, 계절 옷 등 여러 잡동사니 물건들을 어떻게 정리해야 할지 생각했다. 일단 늘 항상 문제인 옷. 옷을 좋아하지만 따로 드레스룸을 만들 공간이 없었기 때문에 많은 옷들을 어떻게 보관하느냐는 가장 큰 문제였다. 이 문제는 이번이 처음은 아니었다. 내 방에서 늘 첫 번째 문제는 옷을 어떻게 정리하느냐였고, 거듭 고민을 하다가 매트리스 아래에 수납을 할 수 있는 침대 프레임을 사서 쓴 적이 있다. 물론 수납의 문제는 해소가 되었지만, 계절이 바뀔 때마다 매트리스를 들어 올리고 옷을 꺼내고 다시 매트리스를 넣어야 하는 소모적인 일을 반복해야 했다. 몹시 귀찮은 일이었다.

그때의 경험을 바탕으로 다른 방법을 강구하기로 했다. 일단, 봄과 여름 그리고 가을과 겨울로 옷을 구분해 놓기로 했다. 계절마다 장롱과 수납공간을 따로 분리하여 교체해 주기로 했다. 번거롭지만 어쩔 수 없는 선택이었다. 언제든 쉽게 교체를 할 수 있도록 하는 것이 중요했다. 이를 위해 우리가 드레스 공간으로 활용하기로 한 장롱과 마루 아래를 적극 활용하기로 했다. 바닥 면에서 50cm정도 올려 마루를 만들었기 때문에 그만큼 여유 공간이 생겼고, 마루 위에 설치하기로 한 장롱과 가까이에 있었기 때문에 마루 아래에 계절 옷을 두면 교체하기에도 쉬울 것 같았다. 평소에는 밟고 지나다닐 수 있는 마룻바닥이지만, 동시에 문이 열리고 그 안에 수납이 가능한 공간, 우리는 그곳을 마루 옷장이라고 불렀다. 아무 의미 없이 남겨질 법한 공간을 100% 활용했다.

캠핑을 좋아하는 우리 부부가 갖고 있는 캠핑 장비들을 어떻게 수납할지도 문제였다. 크기에 상관없이 창고를 갖추고 있는 집이라면 문제될 것이 없는 사항이었지만, 그렇지 못한 우리에게 캠핑 장비들도 큰 고민거리였다. 작은 공간에서 수납공간을 창출하는 일은 머리와 눈을 요리조리 굴리며, 무(無)에서 유(有)를 만드는 작업과 다름없다. 체계적인 수납공간 만들기 작업이 필요했다.

우리는 거실방에 소파 대신 기존에 내가 쓰던 싱글 매트리스를 소파로, 그 양쪽으로는 우리의 작은 부엌과 책상을 두기로 했다. 그리고 소파 베드로 거듭난 매트리스 아래에 수납이 가능한 공간을 만들었

평소에는 밟고 지나다닐 수 있는 마룻바닥이지만,
때론 문을 들어 올려 수납하는 마루 옷장

다. 물건을 꺼내고 넣기에는 번거로움이 있는 공간이기 때문에 자주 사용하지 않는 물건들, 예전만큼 자주 가지 못해 처치 곤란인 캠핑 장비들을 넣기로 했다. 그리고 결혼식 때 입은 웨딩드레스와 한복도 그 안에 보관해 두었다. 우리는 그곳을 소파 창고라고 부르기로 했다.

우리의 침실이 될 작은방에는 아주 애매한 공간이 하나 있었다. 겉으로 보기에는 서랍장처럼 생겼지만 사실 이 안에는 보일러가 있었다. 작은방에 이 보일러 기계 공간이 있다는 사실은 예전부터 당연히 알고 있었다. 하지만 내 방이 아니었기 때문에 한번도 신경 쓴 적이 없었다. 원래부터 있었기 때문에 당연하다고 생각했던 것을 다시 보니 굉장히 난감한 것이었다. 도대체 왜 이 공간이 방 안에 자리 잡고 있는 것일까. 요즘 새 아파트나 주거 공간은 수납의 활용을 중요하게 생각하고 실용성을 최대한 고려하여 지어지는 경우가 많다. 하지만 내가 살아 온 집은 흔히 말하는 데드 스페이스(*dead space*, 이용되지 않는, 혹은 이용 가치가 없는 공간이나 틈)가 있는 오래된 집이다.

보일러가 자리 잡고 있는 곳 옆으로 할머니의 장롱이 있는 것을 보니, 문 한쪽은 아예 열고 닫기를 포기한 것과 다름없었다. 멀쩡한 물건을 제대로 사용하지 못하는 방식으로 배치하는 것은 공간을 버리는 바보 같은 방법이다. 최대한 버리는 공간 없이 보일러 위, 옆으로 수납 공간을 만들기로 했다. 어차피 수납공간을 최대한 많이 만드는 것이 제일 중요했고, 수납공간을 놓아둘 자리가 자연스럽게 정해진 것이니 차라리 잘 된 일이라고 생각하기로 했다.

보일러 기계를 없앨 수는 없으니 남은 공간을 활용해야 했다. 이 빈

자주 사용하지 않는 물건들, 버리기 아까우나 처치 곤란인
물건들이 보관되는 소파 창고

데드 스페이스를 활용해 신발장을 만들었다.

나는 그냥 천천히 갈게요

공간에 맞춰 큰 선반 장을 만들면 어떨까 생각했다. 한쪽은 여행을 자주 다니는 우리 부부가 언제든 쉽게 캐리어를 꺼내 넣을 수 있는 칸과 여러 잡동사니를 숨겨 놓을 수 있는 칸으로 활용하기로 했다. 그리고 다른 쪽의 빈 공간에는 신발장을 만들기로 했다. 옷을 좋아하는 내가 그날의 코디에 따라 신발을 바로바로 매칭하고 싶었기 때문이다. 현관에 있는 신발장을 부모님과 함께 사용하면 공간도 부족하고, 우리 부부의 신발이 뒤섞이며 생길 불편함도 해결할 수 있었다. 냄새도 막아주고 보이지 않게 커튼으로 공간을 가리면서 마무리했다. 이 공간의 이름은 신발장이다.

우리의 침실 문을 열고 들어가면 침대와 창문이 보인다. 나의 화장대는 도무지 보이지 않는다. 부엌, 책상, 소파 베드 등이 있는 거실방에 있는 것도 아니다. 화장대야말로 완전히 은밀하게 숨겨져 있다. 옷과는 달리 화장에는 큰 흥미가 없어서 군이 화장대를 두어야 할지 고민했었다. 그렇다고 화장실이나 전신 거울 앞에 간이 공간을 만들고 화장품을 두면 지저분해질 것이 뻔했다. 화장대를 둔다면 눈에 잘 보이지 않지만 햇빛은 잘 드는 곳에 두고 싶었다. 침실 문을 열고 들어오면 정면에 보이는 벽 뒤 작은 공간이 딱 적합했다.

초등학교를 졸업하고 사춘기에 접어들 때 부모님이 방의 가구를 바꿔 주셨다. 어린 아이들이나 쓸 것 같은 책상과 침대를 버리고 깔끔한 디자인의 하얀 책상 그리고 화장대가 들어왔다. 생애 처음 가져본 화장대였다. 하지만 그곳에서 제대로 화장해 본 적이 없었다. 화장대에 앉아 화장을 하며 거울을 보기에는 그 거울이 너무 멀리 있어 불편했

침실 문을 열면 바로 보이는 저 벽 뒤에 화장대가 숨어 있다.

나는 그냥 천천히 갈게요

고, 의자에 앉으면 내 무릎이 화장대 서랍에 닿아서 앉기에도 불편했다. 결국 그 화장대 대신 전신 거울 앞 바닥에 앉아 화장을 하거나 책상에 작은 스탠드 거울을 놓고 화장을 하곤 했다. 나에겐 번듯한 화장대보다는 앉은키에 맞는 선반 하나면 충분했다. 나의 은밀한 파우더룸에는 앉은키에 맞춘 큰 선반, 그 위에는 액세서리를 놓을 작은 선반이 달려 있다. 크게 필요하지 않다고 생각했지만 애매한 공간 덕분에 그 누구의 것보다 번듯한 파우더룸을 갖게 되었다.

수납공간에 대한 고민은 우리 부부의 문제만이 아닌 듯 많은 방법들이 인터넷에서 공유되고 있고, 용도별 수납공간을 최대한 갖춘 가구들도 많아지고 있다. 이들을 참고는 하되 스스로 찾는 습관을 들이는 것이 좋다. 자신의 공간은 자신이 가장 잘 알고 있고, 필요한 수납공간도 사람마다 각기 다를 것이기 때문이다. 자신의 공간에 맞는 인테리어를 고려한 실용적인 수납공간을 늘 고민해 보자.

화장대와 마주보는 공간에 가방 진열장과 수납장을 만들었다.

Part 3

내 취향들로
채우는,
소품 인테리어

공간을 변화시키는,
소품에 반하다

'왜 갑자기 소품 가게야?' 소품 가게 슬로우어를 운영하기로 하고 가장 많이 받은 질문이다. 엄마는 의류 매장 운영 중, 아빠는 섬유 디자인 관련 일을 하셨고, 어렸을 적부터 나는 패션 디자이너가 되고 싶어 일본의 패션 학교로 유학까지 갔으니, 내게 '의류'가 가장 어울려 보여서 나온 질문일 것이다. 하지만 패션 학교 졸업을 앞두고 정말 이대로 졸업하면 어떡하나 두려움이 앞서 학교를 마치지 못했던 만큼 그 길은 내 길이 아니었던 것 같았다. 그런 내가, 더구나 주변에 소품 가게를 운영 중인 사람도 없었고 심지어 어느 곳에서도 정보를 얻을 길이 없었는데도 소품 가게를 열어야겠다고 했으니 무모해 보였을 수도 있다. 무모한 생각이긴 했다. 하지만 내가 제일 좋아하는 주제였고, 분명한 나의 취향과 기준을 갖고 물건을 보고, 고르고, 자신 있게 다른 사람에게 소개할 수 있는 분야였기 때문에 결정한 것이기도 했다.

소품에 있어서 나는 편식쟁이이다. 소품 가게 슬로우어에 들이는 모든 물건은 내가 직접 만지고 고르고 선택한다. 소품의 범위는 무궁무진하다. 우리의 생활에서 보이는 작고 큰 모든 것들이, 공간을 채우는 것들이, 소품이다. 이 소품들을 크게 '사용되는 것' 그리고 '보여지는 것' 두 가지로 분류할 수 있다. 사람들은 흔히 사용하는 물건은 튀지 않고 안정적인 디자인, 주변과 쉽게 어우러지는 것을 선호하는 편이다. 책상 위의 책꽂이, 화장대의 거울 등 당연하게 여겨지는 조화와 너무 안정적이라 눈에 띄지도 않는 배열이나 인테리어 방식을 깨고 싶었다. 책상 위의 스탠드 하나만 예쁜 것으로 바꾸어도 책상의 분위기 전체가 바뀌는 것을, 손이 많이 가는 물건들에 신경을 쓰면 공간이 달라지는 것을 보았다. 그때부터 소품에 반해 버렸다.

내가 말하는 소품 중에서 '보여지는 것'에 속하는 것들은 장식용인 소품들이다. 다른 말로 '쓸모없지만 예쁜 것들'이라고 부르기도 한다. 그중에서도 가장 좋아하는 것은 빈티지(*vintage*)! 늘 똑같은 새 물건들 사이에서 옛것이지만 익숙하고 따뜻한 느낌을 주는 빈티지 스타일의 소품들은 나에게 자연스럽게 스며든 문화 같은 것이기도 하다.

어려서부터 일본 순정 만화를 좋아한 나는 만화방에 들러 신간을 꼭 챙겨 보았다. 방학이 되면 20권씩 빌려다 엎드려서 하루 종일 만화만 보기도 했다. 어려서부터 본 아빠의 모습은 회사원의 복장을 한 사회인의 모습 아니면 책을 읽는 모습이 대부분이었을 정도로 아빠는 독서광이셨고, 만화책도 읽으면 좋은 것, 도움이 될 수도 있다며 읽기를 권유하셨다. 그 말씀대로 어려서 본 일본 만화책들로 인해 꿈도 생기고 하고 싶은 일도 생겼다.

우선은 일본으로 유학을 가게 되었다. 고등학교를 갓 졸업하고 입시 미술에 실패한 내가 가게 된 일본 유학은 크게 낯설지 않았다. 만화책으로만 보던 도시나 마을이 있었고 늘 보던 것처럼 집들은 작고 거리는 깨끗했던, 보고 듣던 이야기 그대로였다. 한편으론 내가 생각했던 것과 달라서 놀랐던 것은 만화책 속 흑백으로만 보다 직접 보게 된 일본의 색감이었다. 선진국이라고는 생각할 수 없을 정도로 한국보다 더 낡고 오래된 것들이 가득했다. 건물들은 물론 매우 오래된 역과 가구들, 전자 제품들까지 다시 90년대로 돌아간 것 같은 기분이 들었다.

도쿄는 도시 전체가 빈티지한 느낌이었다. 선풍기가 달려 있는 전철이 있고 내가 살던 자취방의 전구는 전구에 달린 줄을 잡아 당겨야 끄고 켤 수 있는 것이었다. 겉으로 보기에는 그냥 낡고 오래된 것들이라고 생각했던 것들이 웬만한 새것들보다 더 비싸고 더 가치가 높다고 인정받고 있었다.

도쿄의 시모키타자와(下北沢, しもきたざわ)라는 동네는 빈티지의 성지라고 불리는 곳이다. 작은 동네 골목에 줄지어 있는 가게들이 모두 빈티지숍이었다. 옷부터 가방 그리고 크고 작은 가구들까지 빈티지 제품들이 가득한 곳이었다. 오래된 물건들이었지만 내가 뒤에 0 하나를 잘못 읽었나 싶을 정도로 가격이 비쌌다. 오래된 시간과 세월이 주는 낡음의 멋을 그들은 더 높이 샀고, 늘 곁에 두었다. 어딜 가나 굉장히 쉽게 빈티지 물건들을 접할 수 있었다. 어느 소품 가게를 가도 빈티지가 늘 한쪽에 마련되어 있었고 심지어 신주쿠의 큰 백화점의 고층에는 한층 전체가 후루기(ふるぎ, 헌 옷이나 낡은 옷이라는 의미로 주로 빈티지 의류를 나타내는 말) 쇼핑을 위한 공간이었으니 말이다. 그런 일본에서 지내면서 나 역시 자연스럽게 빈티지와 친해졌다. 빈티지 옷을 입는 것이 자연스러워졌고 시간의 흔적이 고스란히 남아 있는 물건들에 대한 애정이 생겼다.

빈티지에는 시간이 주는 멋이 깃들어 있다. 그래서 인테리어 소품으로 활용했을 때 더 근사한 분위기가 연출될 수 있다. 물론, 그 소품에 걸맞은 장소에 두었을 때 말이다. 수집품의 종류 중 버려야 하는 것들과 남겨야 하는 것, 경계선에 있는 것이 바로 빈티지 제품들이다. 좋게 말하면 빈티지 아니면 그냥 낡고 오래되어 버릴 물건들. 그 경계에서 선택을 해야 하는 건 각자의 몫이다. 이 빈티지한 물건을 어디에 어떻게 놓느냐에 따라 그 물건의 값어치가 달라진다. 그것을 결정하는 것은 공간과 물건을 가장 잘 알고 있는 자신이다.

소품 가게 슬로우어 구석구석에는 오랜 시간을 품은 것들이 가득하다. 오래된 그림, 레이스, 장식장 등. 재미있는 사실은 부모님에게는 새것이었던 것들이 내가 성장하는 동안 함께 시간에 물들어 나에게는 빈티지가 되었다는 사실이다. 소품 가게 슬로우어를 꾸미면서 집에 있는 가구들과 물건들을 사용해도 되겠냐고 부모님께 여쭤 봤다. "쓸모없으니 가져가서 써봐!" 부모님에게는 쓸모없어지거나 익숙한 것들이 슬로우어에 와서 너무나 근사한 인테리어 소품들이 되었다.

그중에서 집에서 오랜 시간을 품은 반달 거울이 있다. 그 거울은 내가 아주 어린 시절부터 우리 집에 쭉 있었던 거울이었다. 그것을 슬로우어에 가져 와 놓고 나니 마치 제자리를 찾았다는 듯이 아주 멋진 빈티지 거울이 되었다. 그 어떤 비싼 거울보다 금액을 측정할 수 없는 세월이라는 멋을 지닌 인테리어 소품이 된 것이다.

아버지는 직접 디자인한 원단을 수출하는 사업을 하셨다. 그래서 많을 때는 한 달에 한 번씩 해외로 출장을 가셨다. 출장을 다녀오는 아버지의 가방에는 세계 각국의 인형, 그림, 액자 등 많은 것들이 담겨

금액을 책정할 수 없는,
세월이라는 멋을 지닌 인테리어 소품이다.

있었다. 아버지의 또 다른 직업은 수집가나 다름없었다. 그렇게 모으고 모은 수집품들이 슬로우어의 구석구석에 숨어 있다. 100년이 넘은, 누군가 직접 손으로 그린 이집트의 그림은 의자에 걸쳐 놓았다. 또 다른 누군가가 직접 깎아 만든 동물 목각 인형은 유리병 안에 담아 LP플레이어 옆에 놔두었다. 풍차가 그려져 있는 미니 액자는 계산대의 서랍에 달아 주고, 엄마의 오래된 레이스 천 중 하나는 커튼으로, 하나는 전신 거울 위에 덮어 놓았다. 부모님의 시간을 고스란히 간직한 물건과 가구들이 있어 슬로우어는 더욱 특별한 공간이다.

여행을 가서 혹은 어쩌다 길거리에서 발견한 예쁜 소품들을 충동적으로 산 경험은 누구나 있을 것이다. 나중에 그 소품을 보며 잡동사니, 혹은 예쁜 쓰레기를 샀다며 후회하기도 하겠지만, 쓸모가 없는 것들이라고 하더라도 분명 쓰일 만한 곳은 있기 마련이다. 나의 경우 단지 버리기가 아깝다는 이유로 유리병을 몇 개를 놔둔 적이 있다. 특별한 유리병은 아니었다. 카페에서 밀크티를 사서 다 마신 후 남은 병, 술병 등이었다. 이것들로 뭘 할 수 있을지 몰랐지만 일단 가지고 있었다. 그러다 내 방에 페인트칠을 할 때 1회칠의 페인트가 마르는 동안에 유리병에 페인트를 칠해 봤더니 아주 근사한 빈티지 화병이 되었다. 재활용 쓰레기에 버려져야 했을 술병이 인테리어 소품으로도 손색없는 화병으로 탈바꿈된 것이다.

유리병 외에도 소품 가게 슬로우어에는 유리 제품이 많다. 그 이유는 슬로우어의 주요 소품인 캔들을 유리에 올려 놓고 태우면 촛농이 녹아내리는 과정이 고스란히 담겨 충분히 따스한 분위기를 누릴 수

무심하게 놓여 있지만 집에서 오랜 시간,
이집트에서 100년 이상, 혹은 시간을 가늠할 수 없는
물건들로 인해 슬로우어는 더 특별해진다.

있고, 나중에 그 촛농이나 캔들을 제거하고 싶을 때 손쉽게 제거할 수 있기 때문이다. 유리 제품이 주는 반짝거리는 깨끗함이 있기 때문에 액세서리 트레이나 간단한 디저트 트레이로 사용하면 공간에 깔끔함을 더해 줄 수도 있다.

쓸모가 없을지언정 쓰임이 있는 가치 있는 것을 고를 줄 알아야 한다. 어떻게 활용할지, 내 공간의 분위기와 흐름에 어울리는지에 대해 생각을 많이 하고 소품을 구매한다면 공간에 포인트를 주고 자신의 감각을 뽐낼 수 있을 것이다. 그 정도 가치와 역할이라면 쓸모없어도 괜찮다.

전체 분위기를 흔들지 않는 선에서 새롭게, 패브릭 활용하기

　　패브릭(*fabric*)에 대한 애정은 어려서부터 자연스럽게 생겼다. 원단의 패턴을 디자인하고 수출하는 일을 하시던 아빠 덕분에 우리 집에는 늘 원단이 가득했다. 엄마는 아빠가 회사에서 남는 원단을 가지고 오면 유치원 학예회 때 입을 원피스나 가방, 집에서 쓸 커튼이나 식탁보를 만들곤 하셨다. 가끔 엄마 손을 잡고 찾아간 아빠의 사무실에는 내 키보다 훨씬 높은 곳까지 원단들이 겹겹이 쌓여 있었다. 그래서인지 패브릭을 만지고 접하는 것은 나에게 낯설지 않은 일이었고, 공간에 패브릭을 활용하여 인테리어 하는 것이 익숙했다.

　일본에서 월세인 첫 자취방을 꾸밀 때에도 망설임 없이 선택할 수 있었던 것은 패브릭이었다. 한쪽 벽면에 가로, 세로 1m정도 되는 빨간색의 원단을 벽에 걸고, 그 원단 한 가득 친구들과 찍은 사진, 가족들과 반려견의 사진들, 내가 좋아하는 엽서들을 마구 붙여 나만의 포토월을 만들었다. 그곳은 한국이 그리울 때마다 큰 위안이 되어 주었다. 실용적인 면으로도 패브릭은 누구나 쉽게 사용할 수 있는 소품이다. 책상 아래 지저분한 공간을 가리고 싶을 때 또는 주방의 전자렌지 선반 장 등 특정 공간을 가리고 싶을 때 원단을 이용하면 간단하다.

　앞서 예를 든 작은 공간의 가림막은 귀여운 원단을 사용해도 좋지만 방의 큰 부분을 차지하게 되는 패브릭이라면 안정적인 선택을 하는 것이 좋다. 큰 부분의 패브릭이라고 하면 침구부터 커튼, 테이블 매트, 쿠션 커버 등 공간에 들어왔을 때 한눈에 들어오는 것들이다. 눈에 잘 띄기 때문에 패브릭을 잘못 선택하면 아무리 공간을 공들여 꾸며 놓았다 하더라도 공간 전체의 분위기를 한번에 망쳐버릴 수 있다.

결혼을 하면 꼭 호텔처럼 새하얀 침구를 쓰고 싶었다. 깨끗해 보이는 것은 물론이고 호캉스의 기분을 집에서도 만끽하고 싶었기 때문이다. 하지만 호텔 침구라고 소개되고 있는 시중 상품들은 나를 만족시키지 못했다. 호텔에서 느꼈던 시원한 사각거림을 느끼기 어려웠다. 여기저기 발품을 팔며 찾아다니던 끝에 정말 원했던 순면 100%의 부드러운 침구를 찾을 수 있었다. 먼지에 예민한 피부와 비염 때문에, 세탁기로 편하게 빨래를 할 수 있다는 이유로 순면으로만 된 침구를 찾았고, 마침내 화이트색 호텔 침구를 제작해 주는 업체를 찾아 호캉스의 호사를 집에서도 누릴 수 있게 되었다. 우리 부부가 처음부터 설계했던 자연스러운 가구의 색들과도 잘 어울렸다. 하긴 새하얀 침구야말로 어디든 잘 어울리기 때문에 고민할 이유가 없는 선택지다. 만약 침구의 색이 고민이라면 정답은 무조건 화이트다. 하지만 화이트 색상 침구의 단점은 역시 '관리'. 얼룩은 당연히 조심해야 할 뿐더러 먼지가 붙으면 제일 먼저 티가 나기 때문에 신경이 쓰인다. 세탁을 조금씩 자주 해주고, 틈틈이 테이프로 먼지를 떼어 주어야 한다.

나는 '예쁘니까 까다로운 관리쯤이야' 하는 마음이었지만, 전혀 그런 마음이 들지 않고 새하얀 침구가 영 부담스럽다면 차선으로 채도가 좀 낮은 색상들을 선택하는 것이 좋다. 침실의 분위기를 차분하게

결혼을 하면 꼭 호텔처럼 새하얀 침구를 쓰고 싶었다.

나는 그냥 천천히 갈게요

만들어 주기 때문이다. 구체적인 색상으로는 웬만한 곳 어디에나 다 잘 어울리는 그레이색이나 베이지색이 안정적일 것이다. 튀는 것 하나 없는 방에 침구로 포인트를 주고 싶을 때는 은근한 체크무늬의 침구를 놓아 포근함이 풍성해지는 분위기를 만들 수 있다.

홈스타일링을 할 때 커튼을 사용하는 것도 좋은 방법이다. 패브릭이 주변과 잘 어울릴 경우에 그 인테리어 효과가 가장 크게 나타나면서 안정적인 분위기 연출이 가능하기 때문이다. 우리 부부는 총 세 군데에 커튼을 달아 주었다. 거실방인 큰방은 주로 취미 생활 공간이기 때문에 영화나 텔레비전을 볼 때를 생각해 어두운 색상의 커튼을 달았다. 벽면을 칠한 연한 그레이색보다는 조금 더 진한 그레이 색상의 커튼으로 골랐다. 동시에 칙칙해 보이지는 않도록 안쪽에 화이트색 커튼을 달아 레이어드(*layered*) 연출을 해주었다. 우리만의 아늑한 극장이 완성되었다.

침실인 작은방에는 두 곳에 커튼을 설치해 주었다. 신발장이자 수납장에 침실의 전체적인 톤과 어울리는 베이지색의 커튼을 달았다. 침실과 베란다를 이어준 마루의 중간 경계 부분에는 하늘하늘한 시폰(*chiffon*, 얇게 비치는 가벼운 직물) 소재의 커튼을 달아 주었다. 지극히 평범하고 무난한 색상의 커튼이긴 했지만 침실 전체의 분위기를 흔들지 않는 선을 고민하며 결정한 패브릭이었다.

집안에 어떤 패브릭을 놓을지 결정하기 어렵다면 단색을 고르는 것이 실패할 확률이 가장 적다. 깨끗한 느낌을 원한다면 화이트색이나 아이보리색을, 이 색상이 너무 밝아 부담스럽다면 베이지색을 같이

레이어드해 주어도 좋다. 모던(*modern*)한 느낌을 원한다면 그레이색이나 블랙이 어울린다. 계절에 따른 커튼 스타일링을 도전해 보고 싶다면 봄에는 상큼한 색상의 채도가 낮은 옐로우나 핑크로 바꾸어도 좋고 여름에는 시원한 리넨[*linen*, 아마(亞麻)의 실로 짠 얇은 직물] 소재의 커튼을, 가을에는 가을과 어울리는 채도가 낮고 차분한 색의 패턴이나 줄무늬가 있는 커튼으로 바꿔 보면 어떨까 생각한다. 집안의 커튼을 바꾸는 것만큼 기분 전환에 좋은 것은 없으니, 자신의 공간 분위기와 잘 어울리는 패브릭을 틈틈이 찾아 놓는 것도 좋다.

커튼을 고를 때에는 색상이나 패턴 소재만큼이나 중요한 것이 커튼의 길이다. 우리 신혼방에 사용한 커튼은 대부분 이케아에서 구입한 커튼인데 천장이 우리나라의 건물들보다 높은 유럽 브랜드의 제품이어서 그런지 커튼의 끝이 방바닥에 다 끌렸다. '방바닥이니까 그냥 끌리는 대로 사용해도 상관없겠지'라고 생각했지만, 얼마 가지 않아 커튼의 끝단에 먼지와 머리카락이 붙기 시작해서 너무나 더러워졌다.

나는 그냥 천천히 갈게요

작은방의 파우더룸 공간과 침실 사이에 은은한 시폰 소재 커튼을 달아 주었다.

결국 하나하나 손바느질로 끝단을 접어 올려야 했다. 인터넷에서 주문을 하는 경우에는 반드시 길이도 꼼꼼히 체크해 봐야 한다.

인테리어 서적이나 사진을 보다가 '예쁘다', '멋지다'라고 생각되는 집의 바닥에는 매트가 깔린 것을 자주 볼 수 있었다. 그것이 바로 러그 (rug)이다. 러그가 빛을 발하는 위치는 침대에서 일어나 발을 딛는 부분이나 소파의 아래이다. 러그는 대체로 인테리어의 마지막 단계에서 고르는 편이 가장 좋다. 전체적인 스타일링 마지막 단계에서 러그로 공간의 온기를 잡아줄 수 있을 것이다.

소품 가게 슬로우어의 인테리어에도 나의 패브릭 사랑이 그대로 드러난다. 가게를 직접 인테리어 하기로 했을 때 가장 큰 문제는 천장이었다. 기존 천장의 패널을 뜯고 새로운 패널을 설치하거나 요즘 흔하게 볼 수 있는 벽의 거친 표면을 그대로 드러내는 천장 스타일 등 천장만으로도 할 수 있는 인테리어가 많았지만, 내가 '직접' 할 수 있는 공사는 없었다. 그때 떠오른 것이 바로 광목(무명실로 너비를 넓게 짠 천으로 흡수성과 보온성이 뛰어남)이었다. 천장에 커튼을 달자! 어린 시절 이불 속에서 놀던 것과 같이, 텐트 속에 들어가 있는 듯한 느낌으로! 아늑한 분위기와 함께 슬로우어만의 특별한 천장 인테리어를 완성할 수 있었다.

소품 가게 슬로우어의 천장 커튼을 비롯해서 테이블 위에 뭐라도 깔아 두고 상품들을 올려 두어야 비로소 제대로 숙제를 마친 듯한 기분이 든다. 그래서인지 패브릭 소품에 신경을 조금 더 쓰는 편이다. 어떤 용도로 활용하면 좋을지, 어느 정도 사이즈의 패브릭이 적당할

어린 시절 이불 속에서 놀던 것과 같이,
텐트 속에 들어가 있는 듯한 느낌을 주기 위해
천장에 커튼을 달았다.

나는 그냥 천천히 갈게요

지, 색감은 어떤지 등을 살핀다. 패브릭은 레이스 매트, 티코스터(*tea coaster*), 테이블보, 커튼 등 모든 종류를 아우르지만 내가 조금 더 좋아하는 패브릭은 벽을 장식하는 데 활용되는 마크라메, 드림캐쳐, 태피스트리(*tapestry*) 같은 직물 공예에 가까운 패브릭들이다.

마크라메(*macramé*)는 끈이나 실을 여러 방법으로 묶어서 만드는 수공예 레이스이다. 요즘엔 목봉의 매듭에서 시작해서 점차 모양을 만들어 그 자체를 벽에 거는 장식 소품용으로 많이 쓰인다. 완성품을 구입하는 것에서 나아가 취미로 직접 만드는 사람들도 많이 늘어나고 있다. 마크라메는 자칫 심심하게 느껴질 수 있는 벽면을 돋보이게 해 주는 아이템으로 제격이다. 공간의 기존 분위기를 깨지 않는 선에서 은근한 스타일링이 가능하며 독특한 느낌을 줄 수 있다. 또한 설치도, 치우는 일도 간단하기 때문에 활용하기 좋은 아이템이다.

드림캐쳐(*dreamcatcher*)도 비슷한 맥락의 아이템이다. 악몽을 걸러 주고 좋은 꿈을 꾸게 해 준다는 의미의 토속 장신구였던 드림캐쳐는 이제는 평범한 인테리어 소품이 되어 그 모양이나 크기가 다양하다. 마크라메처럼 끈이나 실의 매듭으로 만들어진 패브릭 드림캐쳐는 어디에 놓아도 튀지 않고 무난하게 잘 어울린다.

레이스(*lace*)는 내가 인테리어 소품 중에서 가장 쉽고 편하게 사용하는 아이템 중 하나이다. 티코스터 크기의 작은 레이스부터 침대 사이즈만한 큰 레이스는 공간의 분위기를 사랑스럽게 만들어 주면서도 아늑하고 따뜻한 분위기 연출이 가능하다. 선반 위에 무심한 듯이, 화장대 위에, 작은 부엌의 토스트기 위에도 레이스를 올려 두었다.

마크라메, 드림캐쳐는 무난히 사용할 수 있는
패브릭 소품이다.

나는 그냥 천천히 갈게요

다양한 색상과 소재, 굵기의 끈으로 짜여 색색의 화려함을 나타내거나 또는 단색으로 깔끔한 디자인의 드림캐쳐나 태피스트리를 보면 기분이 좋아진다. 누군가의 손으로 직접 만들어진 것들이 대부분이기 때문에 거기서 묻어 나오는 자연스러움, 정성과 멋이 참 좋다.

레이스는 공간의 분위기를 사랑스럽게 만들어 준다.

큰 가구 위에 놓을 작은 것,
공간을 조화롭게 만들어 주는 것

학생 시절 첫 자취를 하면서 가장 부담스러웠던 것이 전자 제품 구매 비용이었다. 경제적으로 부담스럽기도 했고, 전자 제품은 인테리어에 큰 영향을 끼치지 않을 거라고 생각해 중고 전자 제품을 구매했다. 한인 일본 유학생 카페에서 고르고 골라 중고 세탁기와 냉장고를 구입했다. 사용하는 데에 무리가 없는 전자 제품, 딱 그뿐이었다. 디자인을 고를 수도 없었을 뿐더러 사용감이 있는 전자 제품을 들여놓으니 자취방의 분위기 전체가 그냥 중고가 되어 버린 느낌이었다. 전자 제품 또한 인테리어의 균형을 위한 중요한 요소라는 것을 그때 알았다.

신혼방을 꾸미기 시작하면서 전자 제품에 굉장히 신경을 많이 썼다. 우리만의 작은 부엌을 더 멋지게 만들어 줄 수 있는, 디자인이 심플하면서 예쁜, 더불어 전자 제품의 역할을 분명히 하는 것을 골랐다. 커피 머신과 토스터는 일부러 일본 여행을 다녀오는 길에 사 왔다. 깔끔하고 군더더기 없는 흰색 제품이었다. 언젠가 냉장고를 산다면 꼭 사겠다고 다짐했던 스메그를 우리만의 냉장고로 마련했다.

가구는 인테리어를 하면서 누구나 가장 중요하게 생각하는 부분일 것이다. 가구를 고를 때에는 가구의 소재를 먼저 정하는 것이 낫다. 나무로 제작된 가구를 위주로 두느냐, 철제 가구들을 중심으로 두느냐에 따라 집안의 분위기가 달라진다. 가구의 소재를 먼저 결정한 뒤 가

전자 제품도 인테리어의 균형을 위한 중요한 요소다.

구의 세세한 부분을 신경 쓰는 것이 좋다. 가구의 소재를 통해 인테리어의 중점을 잡는다면, 본격적으로 가구를 고를 때는 공간의 활용성과 디자인을 충분히 고려해야 하는 식이다.

예전에 TV 프로그램에 소개된 한 연예인의 집이 아주 인상 깊게 기억에 남아 있다. 엄청 넓은 집에 화려한 가구들과 소품들이 가득 차 있었지만 예쁘지도, 좋아 보이지도 않았다. 하나하나 살펴보면 전부 비싸고 좋아 보이는 가구들이었지만, 우아함이나 고급스러움이 전혀 느껴지지 않았다. 그냥 정신없이 복잡한 집이라는 이미지만 남을 뿐이었다. 아무리 비싼 가구와 전자 제품을 들여 놓는다고 한들 그것들이 서로 조화롭지 않다면 그것들의 가치뿐만 아니라 집의 가치마저도 떨어뜨리기 마련이다. 분명 그 집은 집의 가치가 떨어진 곳이었다.

이러한 상황을 방지하기 위해 가구를 고를 때에는 가구와 어울리는 소품들이 함께 있을 때의 모습을 상상해 보는 것이 좋다. 가구는 오랫동안 그 자리에 머물지만, 소품은 자주 새로 구입하기도 하고 위치를 쉽게 바꿀 수 있기 때문이다. 자신이 갖고 있는 소품들 혹은 구입하고 싶었던 소품을 천천히 생각해 보자. 그리고 그 소품들이 자리 잡을 가구의 색상, 모양, 크기 등을 생각하면 가구를 고르는 일이 어렵지만은 않을 것이다.

나는 차를 타고 길을 가다가 길가에 버려진 가구들을 눈여겨 보는 습관이 있다. 실제로 아직까지 마음에 들어 갖고 온 가구가 있는 건 아니지만 내 공간과 어우러질 수 있는 거라면 꼭 데리고 올 생각으로 항상 눈여겨보고 있다. 가격이 높다고 꼭 좋고 가치가 있는 건 아니다.

화장품들을 한눈에 볼 수 있고, 손쉽게 꺼낼 수 있고,
정리가 가능한 이단장을 만들었다.

자신의 취향에 맞고 자신의 집과 조화롭게 어울릴 수 있는 가구라면 그 어떤 비싼 가구를 구입한 것보다 좋은 선택을 한 것이다.

침대, 장롱, 옷장 같은 큰 가구가 아닌 작은 가구도 예외는 아니다. 나의 경우 선반으로만 만든 화장대에 화장품을 수납할 작은 가구가 필요했다. 화장품들을 한눈에 볼 수 있고, 손쉽게 꺼낼 수 있고, 정리가 가능한 수납장, 동시에 공간을 많이 차지하지 않기를 바랐다. 너무 많은 장식이나 문양으로 디자인 된 가구는 아니길 바랐다. 노트를 펼치고 가구에 필요한 요소를 스케치했다. 내가 사용하고 있는 화장품 중에서 가장 긴 병을 기준으로 그것보다 조금 더 여유 있는 높이로 칸의 높이를 정했다. 스킨, 로션, 립스틱 등 각기 다른 크기와 모양의 화장품들이 깔끔하게 정리 되면서 공간을 많이 차지하지는 않을 사이즈의 이단장을 만들었다. 소품 가게 슬로우어를 찾는 사람들의 이 이단장에 대한 반응은 폭발적이었다. 내가 느끼던 갈증을 다른 사람들도 똑같이 느끼고 있었다는 것을 알 수 있는 반응이었다.

작은 가구들은 매일 사용해 손과 눈길이 많이 가지만 의외로 실용적이고 예쁜 것을 찾기 힘들다. 예쁜 책상을 마련해도 그 위에 올려둘, 마음에 드는 작은 가구들을 찾기 힘든 식이었다. 그럴 때마다 느끼던 갈증을 해소하기 위해 시작한 것이 슬로우어의 작은 가구들이다. 내가 실제 일상생활에서 필요한 작은 소품 가구들을 디자인했고, 남편은 설계와 제작을 맡았다. 어떤 공간에서 어느 책상이나 선반에 올려도 잘 어울리는 가구, 다량으로 공장에서 찍어 나오는 것이 아닌 직접 손으로 하나하나 정성을 다해 만든 것, 너무 반듯하지도 완벽하지는

않더라도 나무가 주는 따듯함과 자연스러움이 베어 나오는 것, 마치 원래부터 그 자리에 있었던 듯한 친숙함이 있는 것. 그렇게 시작된 슬로우어의 작은 가구들은 어느새 그 종류도 다양해졌다. 앞으로도 계속해서 디자인하고 계속해서 제작할 예정이다. 내가 필요로 하는 것을 바탕으로 일상 속에 자연스럽게 스며들 수 있는 소품 가구를 디자인 할 것이고 남편은 계속 설계와 제작을 맡아 줄 것이다. 슬로우어의 이름에 걸맞게 조금은 느리지만 직접 만들면서 상품 하나하나에 진심을 담을 것이다.

작은 가구를 고르는 일은 식탁 위의 접시를 고르는 일이다. 배를 채

느리지만 꾸준히, 슬로우어의 소품 가구를 만들 것이다.

우기 위해 냉장고에서 반찬통을 꺼내 아무렇게나 놓고 허겁지겁 허기를 없애는 것이 아니라, 음식에 담긴 애정과 음식이 주는 즐거움을 최대한 느끼기 위해 접시부터 정성껏 고르기. 고심해서 구매한 물건이 잊히거나 외면당하지 않고, 구매할 당시의 즐거움과 효용 가치를 최대한 발휘할 수 있도록 제자리를 찾아 주는 일, 그 시작은 적절한 작은 가구들을 찾는 것이다.

친한 친구가 이사하면서 방에 조명을 바꾸고 싶다며 슬로우어에서 판매하는 조명을 구입했다. 그 뒤로 조명을 설치했는지 확인하고 얼른 설치하라고 독촉 아닌 독촉을 하지만, 친구는 아직 그 조명을 설치하지 못했다. 혼자 설치하자니 어쩐지 어렵게 느껴지고, 시간이 지나고 나니 조명이 크게 신경에 거슬리지도 않고 시선도 잘 가지 않아 더 미루게 된다고 했다. 이런 이유로 인테리어 시 조명은 신경쓰지 않고 넘어가는 경우가 많다. 하지만 조명의 디자인만으로도 전체적인 분위기가 바뀌기도 하고 전구의 색상만으로도 공간의 체감 온도가 바뀌는 등 조명의 힘은 크다. 우리가 의식하지 못하지만 조명에 굉장히 심혈을 기울인 카페나 로드숍을 쉽게 찾아볼 수 있다. 예전에는 그저 불을 밝히는 것이라고만 생각했던 조명이 낮에는 눈길이 가는 소품으로, 밤에는 분위기를 결정하는 핵심 요소가 된 것이다. 자신의 작은방 혹은 집에서도 작은 조명 하나가 보여 주는, 공간의 시각적인 효과를 놓치지 않았으면 좋겠다. 무심코 넘겨 버린 조명이 인테리어의 전체적인 조화를 망가뜨릴 수도 있다는 것을 꼭 염두에 두어야 한다.

조명을 고를 때에는 우선 꾸미고자 하는 공간과 조명의 크기가 중

조명의 디자인만으로도 전체적인 분위기가,
전구의 색상만으로도 공간의 체감 온도가 바뀐다.

요하다. 매우 좁은 공간에 너무 크고 화려한 조명이 들어오는 것은 자칫 공간을 더 좁아 보이게 할 수 있다. 또한 분리되지 않은 큰 공간에 예쁘지만 너무 작은 조명이 들어오면 눈에 띄지 않기 때문에 괜한 짓을 한 게 될지도 모른다. 천장 등은 이왕이면 눈에 띄는 형태나 요소로 디자인 된 조명을 선택하는 것이 좋다. 조명의 디자인이 곧 인테리어의 포인트가 된다고 생각하기 때문이다.

천장 등을 바꾸는 것이 어렵게 느껴진다면 작은 조명부터 시도해 보는 것도 좋다. 개인적으로 스탠드 램프를 좋아한다. 살고 있는 집뿐만 아니라 슬로우어에도 스탠드 램프가 많은 편이다. 스탠드 조명 하나가 밝혀 주는 분위기는 놀라울 정도로 로맨틱하다. 그저 평범한 책상에도 예쁜 조명 하나를 두는 것만으로도 인테리어에 신경 쓴 느낌과 더 편안한 분위기를 줄 수 있다.

조명과 비슷한 맥락의 소품으로 캔들을 꼽을 수 있다. 사람들은 특별한 날에 캔들을 찾는다. 그날의 분위기에 낭만을 더하고 싶을 때 캔들을 찾는다. 사람들의 그런 마음과 캔들이 줄 수 있는 분위기에 매료되어 캔들 만드는 방법을 배웠을 만큼 캔들은 매력적인 소품이다.

캔들에도 여러 종류가 있다. 컨테이너 캔들은 유리병이나 캔 등 컵과 같은 통 안에 담겨 있는 캔들이다. 컨테이너 캔들은 오래 태울 수 있다는 장점 때문에 사람들이 가장 많이 찾고 선물하는 캔들이다. 컨테이너 캔들과 함께 두면 인테리어 효과가 탁월한 아이템들이 있다. 그중 대표적인 것으로 캔들 워머를 꼽을 수 있다. 캔들 워머는 할로겐 전구의 열로 캔들의 왁스를 녹여 은근한 발향을 해주기 때문에 컨테

이너 캔들과 함께 워머를 같이 사용하는 사람들이 늘고 있다. 그에 따라 다양한 디자인의 예쁜 캔들 워머도 많이 출시되고 있다. 캔들 워머를 두지 않더라도, 컨테이너 캔들 주변에 앤틱한 스너퍼(*snuffer*, 캔들을 끌 때 사용하는 도구)나 필라 캔들을 함께 놔두는 것도 소품 인테리어의 한 방법이다.

필라 캔들은 병이나 통에 담겨 있지 않고, 왁스 자체의 질감이나 촛농이 흐르는 느낌을 그대로 보여준다. 컨테이너 캔들만큼이나 수요가 많기 때문에 흔히 사용되는 캔들 중에 하나이다. 인테리어 소품으로 사용했을 때 가장 큰 장점은 초를 켜면 초가 녹으면서 촛농이 흐르는 생동감을 느낄 수 있고, 촛불을 끄면 그 모양대로 굳기 때문에 독특한 모양을 즐길 수 있다. 필라 캔들은 그 자체만으로도 향이 잘 퍼지기 때문에 초를 녹여 그 모양 그대로 놔두면서 향을 즐기고 그 모습 그대로를 즐기는 데 의미가 있는 캔들이다. 필라 캔들은 나 역시도 가장 좋아하는 캔들이기 때문에 직접 만드는 일을 하고 있다. 캔들이 녹아내리는 모습 자체로도 미적 효과가 뛰어나기 때문에 다양한 색감으로 만드는 게 나에게는 굉장히 즐거운 취미이자 일이다.

컨테이너 캔들을 이야기할 때 잠시 언급했지만 캔들은 시각적인 효과뿐만 아니라 후각적인 효과를 줄 수 있는 유용한 소품이다. 어느 공간이든 처음 들어가는 순간, 시각이 머물기 전에 후각이 먼저 반응한다고 생각한다. 아무리 멋진 공간이어도 쾌쾌한 냄새가 난다면 그 공간이 멋있어 보일 리 없다. 반대로 향기가 나는 공간이 주는 싱그러움을 잊지 못해 다시 찾는 공간도 있기 마련일 것이다. 내가 만드는 캔들

필라 캔들은 그 자체만으로 향과 모습을 즐길 수 있다.

캔들은 분위기를 편안하고 로맨틱하게 해 주는 마법과도 같다.

로 인해 슬로우어가 그런 공간이 되길 바라는 마음을 항상 갖고 있다.

　캔들은 분위기를 편안하고 로맨틱하게 해 주는 마법과도 같다. 특별한 날에, 꼭 특별한 날이 아니어도 좋다. 캔들을 적극 활용해서 소품 인테리어 효과를 끌어 올리는 것도 좋은 방법이다. 물론! 안전에 유의해야 한다.

벽을 사랑합니다(?!),
벽을 활용해 연출하기

　　인테리어에서 벽은 내 마음껏 원하는 바를 그릴 수 있는 스케치북 같다. 공간의 제약을 걱정하지 않고, 인테리어 효과를 높일 수 있는 무궁무진한 공간이 바로 벽이다. 소위 말하는 사진 찍기 좋은 공간, 예쁘게 꾸미기 좋은 공간 또한 벽을 활용한 것이다.

　　내가 방 꾸미기를 시작한 후 나의 취향이 가득한 공간이 필요했다. 책장의 한 칸을 채울지, 수납장 위에 소품들을 놓을지 고민했다. 결국 오로지 나의 취향이 가득한 쓸모없는 무언가를 붙이고 놓고 꾸밀 공간으로 벽을 선택했다. 맨 처음 벽에 걸어 놓을 선반을 골랐다. 갖고 싶었던 CD플레이어도 샀다. 흰색 철제 선반과 아끼는 CD플레이어를 벽에 달고 좋아하는 브랜드들의 택(*tag*) 또는 엽서를 붙여 놨다. 벽에서부터 인테리어를 시작한 셈이다. 나의 취향과 애정이 묻어나 있는 부분이었던 그 벽을 SNS에 올렸고 사람들도 함께 그 벽을 좋아해 주었다.

　　신혼방을 꾸미면서도 벽에 대한 고민을 했다. 벽에 달고 싶은 가구나 소품들이라든지 원하는 벽의 색 등 벽에서부터 인테리어가 시작된 셈이다. 우리의 작은 부엌을 구상하면서 그곳에 꼭 있었으면 했던 것은 벽 선반이었다. 어느 곳의 카페처럼, 우연히 발견했던 일본 어느 구석진 레스토랑의 친근한 부엌처럼, 우리의 작은 부엌도 그런 느낌이길 바랐다. 아이보리 페인트가 칠해진 벽에 붉은 갈색의 긴 선반 두 개

방 꾸미기를 시작한 후 나의 취향이 가득한 공간이 필요했다.
그 공간으로 벽을 선택했다.

를 달아 주었다. 첫 번째 선반 아래에는 타일 느낌이 나는 스티커를 붙여 주었다. 선반에는 여행을 다니며 모아 놓았던 컵들과 라탄 바구니를 올려 두었다. 우리가 사용하게 될 그릇들을 올려놓으니 수납의 기능과 더불어 인테리어 효과까지 톡톡히 해 주었다. 선반 아래의 테이블에는 신경 써서 고른 커피 머신을 비롯한 전자 제품을 올려 두었다. 아주 만족스러운 공간이 만들어졌다.

벽을 이용한 인테리어를 말하면 꼭 벽을 뚫어야만 한다고 생각하는 사람들이 많다. 사실은 그렇지 않다. 내가 벽에 단 CD플레이어도 원래는 벽을 뚫어서 설치해야 하는 제품이었지만 나는 꼭꼬핀을 이용해서 걸어두었다. 꼭꼬핀은 시멘트 벽과 도배지 사이에 뾰족한 핀이 있는 훅(hook, 갈고리)를 꽂아서 소품 등을 걸 수 있도록 해 준다. 벽을 뚫을 필요도 없을 뿐더러 웬만한 무게가 있는 것들도 튼튼하게 지탱해 주니 인테리어 용품으로 아주 요긴하게 쓰인다. 이 외에도 천장에 레일을 달아 액자를 걸 수도 있고, 벽에 고정하는 선반이 아닌 세우는 선반 장을 이용하는 것도 벽을 꾸미는 한 방법이다. 많은 사람들이 인테리어를 하면서 제약적인 부분을 마주하면 금세 포기하곤 한다. 포기하지 않았으면 좋겠다. 벽을 뚫을 수 없다면 간단하게 '벽 안 뚫고 액자 걸기'라고만 검색해도 많은 사람들이 잘 설명해 놓은 수많은 방법들을 찾을 수 있다.

나는 그냥 천천히 갈게요

어느 구석진 레스토랑의 친근한 부엌처럼,
우리의 작은 부엌도 그런 느낌이길 바랐다.

나의 벽 사랑(?)은 소품 가게 슬로우어에서도 여전하다.

어쩌면 비워진 벽을 그냥 두고 볼 수 없는 나의 고질병일지도 모르겠다.

공간이 살아나는 법,
식물 놓기

초등학교 저학년 때 우리 집에서 반 친구들과 조별 과제를 하기로 한 날이었다. 같은 반 친구 중에 남자 아이는 우리 집을 처음 방문한다는 이유로 손에 꽃 한 다발을 들고 와 엄마에게 건네주었다. 아마도 그 아이의 엄마가 아이 손에 들려 보냈을 것이었지만, 엄마는 그때의 일을 아직도 이야기한다. 우리 집에는 항상 꽃이나 식물이 있었기 때문에 엄마에게는 우리 집을 방문하는 손님들의 그 어느 선물보다 인상 깊었을 것이고, 작은 아이가 건네는 꽃 선물이었기 때문에 더 특별했을 것이다. 우리 집 거실에는 이사를 갈 때마다 항상 함께 다니는 식물 스킨답서스(*scindapsus*)라는 식물이 있다. 베란다에는 시클라멘(*cyclamen*)이, 식탁에는 종종 프리지아(*Freesia*)나 장미가 있었다. 식물로 인해 집안이 더 활기 넘치고 살아있는 공간처럼 느껴지곤 했기에 나도 종종 공간을 꾸밀 때 식물을 두는 상상을 한다.

예전 내 방의 콘셉트는 그레이 룸이었다. 흰 가구들과 소품에 맞춰 벽의 색이 그레이였고 다른 면의 벽은 어두운 그레이색이었다. 그레이색을 벽에 칠하니 시크(*chic*)한 느낌이 들어 좋았지만 엄마는 여자애 방이 이렇게 칙칙하고 차가워 보여서야 되겠냐고 매일 타박했다. 사실이었다. 따뜻함이, 활기가 느껴지지 않고 무언가 빠진 느낌이었다. 화원에 들러 공기 정화에 좋은 식물을 하나 데려와 예쁜 화분에 담아 놓았다. 그 식물 하나가 주는 효과는 대단했다. 무언가 살고 있는,

따뜻한 느낌이 났다. 그 뒤로 아침 일찍 양재 꽃 시장에 들러 꽃을 한 다발 사와 꽂아 놓기도 하고, 이런 저런 식물을 내 공간에 들여 놓는 것을 좋아하기 시작했다.

식물은 공간을 건강하게 만들어 주는 힘이 있다. 초록색의 빛깔이 주는 자연의 싱그러움이 우리 공간에 꼭 필요하다. 또한 애매하게 구석진 공간이나 썰렁해 보이는 부분에 식물을 놓아 주면 공간에 생명력이 차오른다. 식물뿐만이 아니라 식물이 담긴 화분의 디자인을 고르는 것도 인테리어의 한 요소로, 그 효과가 꽤나 재미있다. 라탄 (*rattan*, 식물의 나무줄기에서 채취한 가볍고 매우 거친 섬유. 의자, 바구니, 두꺼운 밧줄 따위에 사용됨)으로 짠 화분부터 세라믹 등 다양한 스타일과 색의 화분들이 있기 때문에 공간의 분위기에 맞춰서 스타일링을 하면 조금 더 세련된 인테리어를 할 수 있다.

꽃은 활짝 피었다가 시들어도 또 그 나름대로의 매력이 있어 인테리어 소품으로 쓸모가 있기 때문에 더더욱 기특하다. 빈티지한 색감을 가진 드라이 플라워(*dry flower*)의 멋스러움에 마음을 빼앗긴다. 그 과정을 보고 싶어 직접 말리기도 한다. 나의 꽃 말리기 방법은 아주 단순하다. 그저 꽃이 고개를 꺾기 시작하면 화병에서 빼내어 거꾸로 매다는 것뿐이다. 혹은 사온 꽃이 엉켜 있다면 한 송이 한 송이 따로 분류해 준 후에 매달아 말린다. 말린 꽃을 화병에 혹은 벽에 매달아 놓기도 하지만 마른 꽃잎들을 담은 캔들을 만들기도 한다. 이러한 과정들은 사실 식물을 키우는 데 소질이 없고 무지한 내가 식물을 사랑하는 방법이기도 하다.

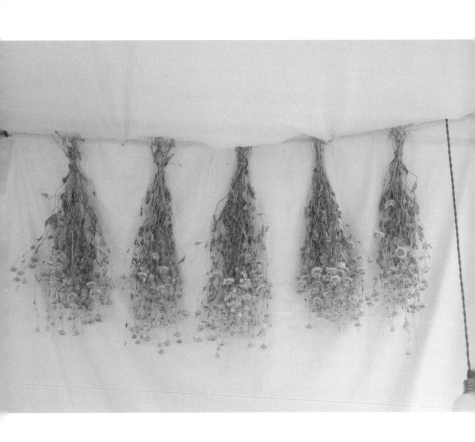

빈티지한 색감을 가진
드라이 플라워의 멋스러움에 마음을 빼앗긴다.

잠원동 어느 후미진 주차장 안쪽에 있던 소품 가게 슬로우어가 용산으로 이사를 했다. 새로운 공간에서 4개월이 넘는 시간 동안 직접 인테리어를 했다. 인테리어 공사를 시작할 때부터 이 공간에는 식물을 들여놔야겠다고 다짐했다. 이 공사가 끝나고 과연 식물을 들여놓는 그날이 올까 싶었는데, 그날이 왔다. 아침 일찍 양재 꽃 시장으로 향했다. 한 곳에 많은 업체가 모여 있어서 둘러보기도 쉽고 가격도 일반 꽃집에서 사는 것보다 훨씬 저렴하게 구매할 수 있고, 많이 사면 흥정도 가능하기 때문에 내가 좋아하는 장소이다.

꽃 시장에 가기 전에는 식물이 있어야 할 공간과 필요한 식물의 개수와 크기 정도를 메모하고 가는 것이 좋다. 그래야 수많은 식물의 종류와 크기, 많은 업체들 사이에서 혼란을 겪지 않고 효율적으로 원하는 식물을 살 수 있다. 나는 사실 식물을 키우는 데에는 소질이 없고 무지하기 때문에 최대한 키우기 쉽고 물을 수시로 주지 않아도 되는 식물들로 추천을 받았다. 사장님께 식물의 이름과 물을 주는 기간을 꼭 적어 달라고 부탁했다. 16만 원어치의 식물을 사고 유칼립투스(*eucalyptus*) 화분을 하나 서비스로 얻었다. 식물들을 조심스럽게 차에 실어 슬로우어로 돌아왔다.

키가 큰 여인초는 입구에, 작은 고무나무 다섯 세트는 슬로우어 가구 진열장의 맨 아래에 쪼르르 진열해 두었다. 키가 큰 알로카시아(*alocasia*)는 쇼룸으로 들어가기 전 계단 앞, 그리고 서비스로 받은 유칼립투스는 카운터 테이블 위에 올려 두었다.

이제 남은 건 몬스테라였다. 첫 번째 소품 가게 슬로우어보다는 넓

어진 이 공간을 채우기 위해 한 고민들 중 하나는 소품들을 진열할 테이블을 고르는 일이었다. 여러 방면으로 디자인을 고민하며 나무 테이블을 찾던 중 눈에 들어오는 우드 슬랩(*woodslab*, 통 원목 테이블)이 하나 있었다. 가운데에 구멍이 뻥 뚫린 우드 슬랩은 아무래도 일반적인 테이블로 쓰기에는 조금 무리가 있어 보였다. 그러다 문득 '테이블 아래에 화분을 놓고 저 구멍 사이로 잎이 큰 식물이 튀어 나온다면 어떨까?'라는 생각이 들었다. 독특하면서 생기가 도는 인테리어 효과가 될 수 있을 것 같았다. 실행해 보기로 했다. 우드 슬랩의 테이블 아래에 화분을 놓고 구멍 사이로 식물이 다치지 않게 조심스럽게 식물을 꺼내 주었다. 근사했다.

식물로 줄 수 있는 인테리어의 느낌도 다양할 것이다. 꼭 놓아 주는 것만이 방법은 아닐 것이다. 꽃을 끈에 일정 간격으로 매달아 주어 드라이 플라워 가랜드(*garland*, 화환)를 만들어 주어도 좋고 공간의 분위기에 맞는 화분을 골라도 좋다. 집 안에 식물을 들여 보자. 공간이 살아날 것이다.

우드 슬랩 사이로 식물이 튀어 나오니
독특한 생기가 돌았다.

내가 가장 잘 알고 있는 곳이 되어야 했다.
그렇게 직접 가꾼 공간은
마치 이미 오래 그곳에 머문 듯한 착각과 동시에
친숙함을 안겨준다.

epilogue

눈 오는 날
'슬로우어'를 남기다

잠원동 건물 주차장 안쪽 후미진 곳에 있던 소품 가게 슬로우어의 첫 번째 공간을 떠나는 날이었다. 전날부터 이상하게 잠이 오지 않더니 자면서도 몇 번을 뒤척이고 시간을 확인했다. 결국 알람이 울리기 전에 일어나 나갈 준비를 했다. 창밖을 봤다. 최근에 눈이라곤 첫눈 내릴 때 한 번 오고는 눈다운 눈을 제대로 보지 못했는데 2019년 2월의 중순, 이사 날, 눈이 내리고 있었다. 잘하고 오라는 엄마의 말끝에 '이사하는 날 눈이라니 부자 되려나 보네'라는 말이 들렸다. 슬로우어의 터전이었던 공간을 떠나는 날, 눈 오는 날이었다.

4평 남짓한 공간, 주차장 안쪽에 있어 보이지도 않는 곳에 누가 찾아 줄까 걱정하는 마음에 시작한 공간이었다. 내가 좋아하는 작업을 할 수 있는 공간으로 쓰고 슬로우어를 아는 분들만 찾아주는 것으로, 이 작은 곳이 충분할 것이라고 생각했다. 하지만 시간이 지나면서 가게가 터질 듯이 물건은 많아졌고, 찾아 주는 손님이 많아질수록 나도, 손님들도 그 공간이 작고 답답하게 느껴졌다.

소품들이 손님의 옷깃이나 가방 끝에 닿아 쓰러지는 날이 늘어났고 그만큼 내 고민도, 걱정도 커졌다. 그간 단골손님이 꽤 생겼고 애정이 많이 담긴 곳이었기 때문에 이사 결정이 쉽지 않았다. 하지만 욕심이 났다. 지금까지보다 더 슬로우어만의 색이 가득한 다양한 소품들을 놓고 슬로우어의 작은 가구들을 직접 보고 만질 수 있는 공간이 필요했다. 이사를 가야겠다고 결정했다. 들어오는 문부터 모든 공간에 내 손길과 애정이 묻은 공간을 떠나야 하는 결정이 쉽지는 않았지만 막상 결심하고 나니 새로운 공간을 가질 수 있다는 것에 대한 설렘, 손님들이 물건을 보고 살 수 있는 공간과 내 작업실, 그리고 남편의 작업실을 따로 만들 수 있다는 기대감에 잠깐 동안은 서운함보다는 얼른 가게가 나가기를 기다리고 있었던 것 같다. 그렇게 어느덧 이사하는 날이 왔고, 눈발 때문에 불편한 시야로, 길을 살펴볼 정신도 없이 이삿짐을 실었다. 떠나기 전 텅 빈 슬로우어를 보니 괜시리 눈물이 핑 돌았다. 나의 첫 번째 슬로우어 안녕.

부족하지만 친근하고,

어설프지만 낯설지 않게

두 번째 슬로우어

하루 온종일 부동산을 다니며 강남 일대의 비어 있는 가게를 찾아다녔다. "너무 길가에 있지는 않았으면 좋겠어요, 2층도 상관없고요." 마음에 들었던 공간 중 하나는 앞집이 주거 공간으로, 사람이 생활을 하는 곳이었다. 음악을 크게 틀어 놓을 수도 없었고, 하루에도 몇 번씩 낯선 방문객이 들락날락거리는 가게가 있을 만한 곳은 아니었다. 또 다른 공간은 엘리베이터가 없는 4층이었다. 무거운 나무들을 들고 오르락내리락하는 우리의 작업과는 맞지 않았다. 수십 곳을 돌아다녔지만 그 어느 곳도 완벽하게 마음에 들지 않았다. 연남동을 한번 가 볼까? 저녁을 먹으러 가다가 목적지를 바꿨다. 그러다 길을 잘못 들어서 나온 고가도로를 내려가다 우연히 발견한 '임대' 현수막에 끌려 건물로 들어갔다. 두 번째 슬로우어의 공간이었다.

오랫동안 열어 보지 않은 듯한 셔터를 올리자 작은 주차 공간이 나왔고, 그 끝에 빨간 문이 있었다. 문을 열고 들어가 스무 계단 정도 올라가니 아주 엉망인 공간이 나왔다. 아주 오랫동안 사람이 사용한 흔적이 없는 천장과 바닥은 물론 구조도 참 이상한 곳이었다. 계단을 올라가자마자 나오는 작은 방, 그 옆으로 큰 거실 같은 공간이 있었다. 그 사이에 작은 문이 있었고 그 문을 열고 두 계단 오르자 아주 넓은 또 다른 공간이 나왔다. 창문도, 바닥도, 천장도 더럽고 화장실은 너무 작아 세면대도 없고 과연 변기물이 내려가기는 할까 싶을 정도로 걱정되었다. 공간의 주인아저씨조차도 여기서 뭘 하겠느냐고 물어봤을 정도였다.

이상했지만 난 그곳이 단번에 마음에 들었다. 신기하게도 또 주차장 안쪽에 입구가 있는 곳. 그 비밀스러운 입구를 올라야 나오는 곳, 계단을 오르면 나오는 공간 안에 또 작은 문을 통해 나오는 구조가 제일 마음에 들었다. 그 공간을 본 다음주에 바로 계약을 했다. 그리고 다시 구석구석 둘러보았다. 페인트칠은 하다만 듯 엉망이었고 바닥에는 어설프게 장판이 깔려 있었다. 바닥의 수평조차 잘 맞지 않았고 천장의 전선 작업도 엉망이었다. 공사는 아직 시작조차 하지 않았는데 이미 머리가 지끈 아파 오는 것 같았다. 어느 곳 하나 멀쩡한 곳이 없었기 때문에 이런 곳을 어떻게 인테리어를 할 생각이냐는 우려의 목소리들이 들렸다. 이런 곳에 슬로우어를 만들어 가야 했다.

사람들이 왜 무리해서까지 직접 모든 걸 다 하냐고 물어봤다. 전문가의 도움을 얻으면 물론 우리보다 더 훌륭하고 빠르게 공간이 완성될 것이었다. 하지만 그건 나와 남편이 원하는 것이 아니었다. 우리는 모든 곳에 우리의 손이 닿고 꾸며진 공간에서야 비로소 내가 나인 듯, 남편도 남편 자신인 듯한 안정감을 느낀다. 공간을 살펴보며 이곳의 장점과 단점을 알아 가고 천천히 가꾸어 가야만 우리의 공간이다. 오래 보아야 잘 알게 되는 것은 사람만이 아니다. 공간도 마찬가지이다. 벽을 하나 칠하더라도 내 손으로 직접 색을 고르고 직접 도구를 사용해서 어떤 곳을 어떻게 만졌는지, 바닥 어디에 어떤 문제가 있고 그래서 그곳을 어떻게 해결하면 좋을지, 내가 가장 잘 알고 있는 곳이 되어야 했다. 그렇게 직접 가꾼 공간은 마치 이미 오래 그곳에 머문 듯한 착각과 동시에 친숙함을 안겨준다.

스무 계단을 올라오자마자 나타나는 빙은 남편의 작업실로 사용하기로 했다. 작업실 옆에 있는 공간은 슬로우어의 작은 가구들을 전시해 놓고 손님들이 직접 만져 보고 느낄 수 있는 곳으로 활용하기로 했다. 그곳의 작은 계단을 올라오면 나오는 공간은 소품 가게 슬로우어이다. 첫 번째 슬로우어의 느낌을 가져오되 더욱더 다채롭게 꾸미기로 했다. 천장은 첫 번째 슬로우어와 마찬가지로 커튼을 달아 주었고 오래된 가구를 모아 진열장으로 쓰기로 했다. 이 공간 역시 멀끔하고 훌륭하지는 않더라도 부족하지만 친근하고 어설프지만 낯설지 않게 만들어 가기로 했다.

두 번째 슬로우어는 첫 번째 슬로우어와 크게 달라지지 않는다. 여전히 내가 좋아하는 소품들을 가져다 놓을 예정이고 그 소품들이 누군가의 공간에 따뜻함을 채워줄 수 있기를, 그리고 여전히 '나는 그냥 천천히 갈게요'라고 말하는 슬로우어가 될 수 있기를, 그것이 나의 바람이다.

자신만의 속도로 살고 있다면,
당신도 슬로우어입니다.